Lemon Recipe Book

레몬 레시피 북

YUNA

프롤로그

"와카야마 씨의 레몬 레시피를 모아둔 것이 있으면 정말 좋겠어요!"
어느 날 문득 지인이 했던 말이 이 책을 쓰는 계기가 되었습니다.

그때까지는 의식하지 못하고 있었는데, 생각해보니 나는 레몬을 좋아합니다.
특히 케이크를 만들 때 자주 사용합니다.

케이크는 달아서 묵직한 느낌이 들기 마련이지만,
레몬을 사용하면 가볍게 느껴집니다.
깔끔한 산미, 상쾌한 향기, 기분 좋은 살짝 쓴맛.
'하나 더 먹을까?'라고 생각하게 만드는 매력이 있습니다.

그리고 어린 시절부터 먹어온 맛이라서 그런지,
아니면 그 모양 때문인지
왠지 모르게 그리운 느낌이 드는 것도 좋습니다.

과즙과 과육은 물론, 중요한 것이 레몬 껍질입니다.
어느 하나 버릴 것 없이 사용할 수 있는 것도 레몬의 매력입니다.

남프랑스에서 지내던 시절부터 커다란 레몬 나무는 동경의 대상이었습니다.
나에게는 언젠가 레몬 나무가 있는 집에 살면서
나무 그늘 아래에서 낮잠을 자고 싶다는 꿈이 있습니다.

하지만, 지금은 레몬으로 케이크를...

손에 잡는 순간부터 그 향기로 상쾌한 기분이 듭니다.
레몬의 향기가 가득한 베이킹은
나에게 행복한 시간입니다.

Contents

02 프롤로그

06 레몬을 알아보자!

08 기본이 되는 레몬 레시피 3가지를 소개합니다
　　레몬 커드

10 레몬 마멀레이드 SWEET/BITTER

12 레몬 아이싱

14 재료에 대하여
　　있으면 편리한 도구들

1장　간단 레몬 레시피

16 레몬 머핀
　　레몬, 라즈베리 & 화이트 초콜릿 머핀

18 레몬 & 초콜릿 스콘

20 레몬 케이크

22 레몬 베니에

24 레몬 크레이프

25 레몬 찐빵

26 레몬 쿠키 샌드

28 레몬 폴보론

30 레몬 & 밀크 크림 바게트
　　레몬 샌드위치

32 허니 레몬 마들렌

2장　레몬을 즐기는 다양한 레시피

34 프레시 레몬 파운드 케이크

36 레몬 치즈케이크

38 타르트 시트론
　　타르트 시트론 쇼콜라

40 레몬 스퀘어

42 레몬 시폰케이크

44 레몬 & 사워크림 위크엔드

46 레몬 머랭 파이

48 레몬 & 화이트 초콜릿 크림 롤케이크

50 레몬 마카롱

52 레몬 보스턴 크림 파이

54 레몬, 애호박 & 프로슈토 케이크살레
    레몬 & 연어 머핀

56 레몬 필

3장   차가운 레몬 레시피

58 레몬 소스 푸딩

60 레몬 레어 치즈케이크

62 레몬 밀크 바바루아

64 레몬 트라이플

66 레몬 홍차 티라미수

68 레몬 브륄레

69 레몬 & 살구 젤리

70 레몬 무스

71 레몬 셔벗

72 레몬 아이스크림
    레몬 밀크 아이스크림

74 레모네이드
    레몬 스쿼시

76 레몬 & 푸르츠 수프

77 리몬첼로

78 부록 : 래핑 페이퍼

[이 책의 규칙]

· 레몬은 국산을 사용합니다.

· 레몬 1개의 무게는 100g, 거기에서 짜
  낸 과즙은 40cc가 기준입니다.

· 설탕은 그래뉴당 또는 슈거파우더, 버
  터는 무염 버터를 사용합니다.

· 1작은술은 5cc, 1큰술은 15cc입니다.

· 오븐의 가열온도, 가열시간은 기종에
  따라 다릅니다. 이 책에 표기된 시간을
  기준으로 상태를 보면서 구워주세요.

· 달걀은 중간크기(M사이즈)를 사용합
  니다.

· 전자레인지의 가열 시간은 600W를 기
  준으로 합니다.

레몬을 알아보자!

어릴 적부터 친숙한 레몬. 하지만, 어떤 과일인지 알고 계시나요?
최근에는 국내에서도 생산하게 되어서, 레몬을 활용하고 싶어 하는 사람이 더욱 많아졌는지도 모르겠습니다.
고르는 법과 제철 시기 등, 레몬을 제대로 즐길 수 있는 방법을 알려드리겠습니다.

레몬 스토리

이 책에서는 국산 레몬을 사용하고 있습니다. 예전에는 국산 레몬을 구하기 어려웠지만, 최근에는 가정에서도 구할 수 있게 되었습니다. 레몬의 향기는 표피에 많이 포함되어 있습니다. 베이킹을 할 때 레몬 껍질을 사용하게 된 것도 곰팡이 방지제나 왁스, 농약 등을 사용하지 않은 국산 레몬이 보급된 최근의 일입니다. 안전할 뿐만 아니라 신선해서 과즙이 풍부하고, 향기가 좋은 것도 국산 레몬의 특징입니다. 신선한 레몬을 구할 수 있는 것도 즐거운 일입니다.

고르는 방법

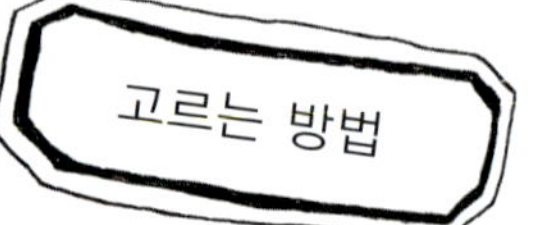

모처럼 레몬을 구입한다면 맛있는 것으로 고르고 싶으시죠?
좋은 레몬과 나쁜 레몬의 간단한 구별 방법을 소개합니다.

좋은 레몬

- 색이 선명한 것
- 손에 쥐었을 때 탄력이 있는 것
- 들었을 때 무게감이 있는 것

나쁜 레몬

- 검은 반점이 있는 것
- 꼭지가 거무스름해진 것
  (신선한 것은 녹색)
- 껍질에 주름이 있는 것

※무농약 재배를 한 경우에는 신선한 레몬에서도 이런 특징이 나타날 수 있습니다.

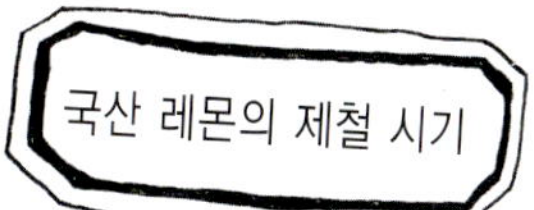

국산 레몬은 12월~4월경에 가장 많이 출하됩니다. 재배방법에 따라 출하 시기가 달라지는데, 최근에는 일 년 내내 구할 수 있게 되었습니다.

month	1	2	3	4	5	6	7	8	9	10	11	12
노지 재배	●	●	●	●	●					●	●	●
하우스 재배							●	●	●			
저장 레몬						●	●	●				

노란색 레몬

많이 판매되고 있는 품종은 「리스본」과 「빌라프랑카」로, 「리스본」은 과즙이 많고 산미가 강합니다. 「빌라프랑카」는 재배하기 쉬운 것이 특징입니다. 신맛이 부드러운 오렌지와의 교배종인 「메이어레몬」도 베이킹에 적합합니다.

녹색 레몬

특별한 품종이 있는 것이 아니라 노란색 레몬이 완숙되기 전에 수확한 것입니다. 노란색 레몬보다는 과즙이 적지만, 향기는 더욱 상큼하고 강합니다. 용도에 따라 선택하면 됩니다.

과일 그대로

레몬은 냉동 보관할 수 있습니다. 특히 레몬 제스트를 만들 때는 냉동시킨 것이 딱딱해서 갈기 편할 수 있습니다. 과일 통째든, 사용하고 남은 일부분이든, 비닐주머니에 넣어서 밀봉하고 냉동실에 넣어 보관합니다.

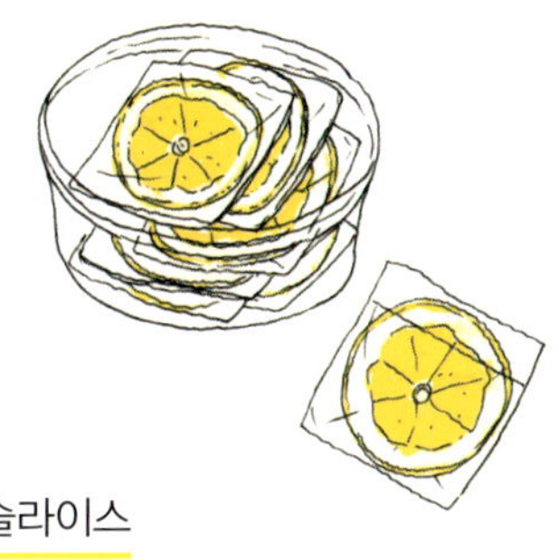

슬라이스

용도에 따라서는 슬라이스 1장씩 래핑하여 냉동시킵니다. 토핑으로 사용하거나, 홍차에 넣어도 좋습니다. 베이킹에 사용한다면 슬라이스를 시럽 조림(p.35)하여 냉장고에 보관해도 좋습니다.

과즙

껍질만 사용한 경우에는, 과육은 과즙을 짜서 아이스트레이에 얼려둡니다. 트레이에 따라 용량은 다르지만, 「1큰술」 등 기준이 되는 양으로 얼려두면 사용할 때 편리합니다. 작은 지퍼백에 보관해도 괜찮습니다.

기본이 되는
레몬 레시피
3가지를 소개합니다.

레몬과 집에 있는 재료를 이용하여 손쉽게 만들 수 있고, 간단하게 이용할 수 있는 3가지 레시피를 소개합니다. 레몬 커드와 마멀레이드는 토스트나 요구르트와 함께 아침 식사로 먹으면 좋습니다. 바삭한 식감과 신맛이 매력적인 아이싱은 여러 가지 과자와 잘 어울립니다.

Lemon Curd
레몬 커드

레몬 커드는 영국의 전통적인 스프레드이다. 「커드」는 굳는 것을 뜻한다. 레몬 크림보다 달걀을 천천히 가열했기 때문에 보존도 가능하다. 버터가 많으면 밀키해지고, 적으면 달걀 맛이 강하게 난다.

재료 (만들기 쉬운 분량, 180cc 병 1개 분량)
달걀 … 1개
그래뉴당 … 50g
레몬즙 … 50cc (레몬 약 1½개분)
레몬제스트 … 1개분
버터(중탕으로 녹임) … 40g

- -

• 잘 어울리는 추천 메뉴
· 갈레트
· 토스트
· 아이스크림

• 레몬 커드를 사용한 레시피
· 레몬 샌드위치 (P.30)
· 레몬 치즈케이크 (P.36)
· 레몬 화이트 초콜릿 크림 롤케이크 (P.48)
· 레몬 보스턴 크림파이 (P.52)

[보존 기간]
열탕 소독한 밀폐 용기에 넣어.
냉장고에서 3주 정도.
개봉 후 냉장고에서 1주일 정도.

1 볼에 달걀을 깨서 넣고 잘 푼다. 그래뉴당을 전부 넣고 거품기로 입자가 없어질 때까지 섞는다.

2 레몬즙을 넣고 섞는다. 레몬 제스트를 넣는다. 볼 위에서 갈아 넣으면 간단하다.

3 중탕으로 녹인 버터를 넣는다. 1을 시작하기 전에 중탕을 미리 해두면 좋다. 따뜻한 것을 넣어도 OK.

4 매우 약한 불에서 중탕으로 5분 이상 섞는다. 걸쭉한 크림 상태가 되면 완성. 한번 체에 걸러주면 좋다.

5 약 150g 정도가 완성된다. 바로 먹지 않는다면 열탕 소독한 병에 넣어서 냉장고에 보관한다. 1주일간 맛있게 먹을 수 있다.

Lemon Marmalade
# 레몬 마멀레이드
SWEET(상) / BITTER(하)

재료는 레몬과 그래뉴당 뿐이다. 레몬이 많다면 마멀레이드를 만들어 보존해두자. 빵에 발라먹거나 베이킹 재료로도 사용할 수 있다. SWEET는 걸쭉하고 새콤달콤하다. BITTER는 식감이 좋고 쓴맛을 즐길 수 있는 것이 특징이다.

재료 (만들기 쉬운 분량, 공통)
레몬 ... 2개
※레몬의 흰 껍질 부분이 많으면 제거한다.
그래뉴당 ... 200g (레몬과 같은 무게)

- -

● **잘 어울리는 추천 메뉴**
SWEET → 음료, 요구르트
BITTER → 베이킹에 사용

● **레몬 마멀레이드를 사용한 레시피**
SWEET
· 레몬 찐빵 (P.25)
· 타르트 시트론 쇼콜라 (P.38)
· 레몬 트라이플 (P.64)
BITTER
· 레몬 & 초콜릿 스콘(P.18)
· 레몬 & 사워크림 위크엔드(P.44)
SWEET & BITTER
· 레몬 쿠키샌드(P.26)

[보존 기간]
열탕 소독한 밀폐 용기에 넣으면,
실온에서 반년 정도.
개봉 후 냉장고에서 1개월 정도.

[SWEET]

1

레몬 겉껍질은 얇게 벗겨서 채 썰고, 과육은 씨를 제거하고 큼직하게 썰어둔다. 과즙도 모아둔다. 껍질은 차가운 물에 담가둔다.

2

쓴맛을 제거하기 위해 냄비에 충분한 양의 물을 끓이고, 껍질을 넣어 1분 정도 끓인 후 체로 건지고, 물은 버린다.

3

2, 1의 과육, 과즙, 껍질, 그래뉴당을 냄비에 넣고, 약한 불에 끓인다. 껍질이 투명해지고 걸쭉해지면 완성. 열탕 소독한 병에 보존한다.

[BITTER]

1

레몬 겉껍질을 얇게 벗겨 다지고, 과육은 씨를 제거하고 큼직하게 썬다. 과즙도 모아둔다. 냄비에 이것들과 그래뉴당을 넣고, 약한 불에 끓인다.

2

부글부글 끓기 시작하면 약한 불 상태 그대로, 고무 주걱으로 저으며 15분간 끓인다.

3

껍질이 투명해지고 걸쭉해질 때까지 끓인다. 식으면 굳으므로 약간 묽은 상태로 OK. 열탕 소독한 병에 보존한다.

Lemon Icing
레몬 아이싱

아이싱은 어떤 과자라도 예쁘게 꾸밀 수 있
게 해준다. 아이싱을 만드는데 빼놓을 수
없는 것이 레몬이다. 레몬 아이싱을 사용하
면 과자를 먹을 때 가장 먼저 혀에 닿게 되
어, 레몬의 맛을 생생히 느낄 수 있다. 레몬
을 이용한 베이킹에서 아이싱은 매우 중요
한 역할을 한다.

재료 (만들기 쉬운 분량)

슈거파우더 ... 50g

레몬즙 ... 2작은술

레몬제스트 ... 적당량

- -

- 잘 어울리는 추천 메뉴
  - 쿠키
  - 스콘
  - 머핀
  - 마들렌

- 레몬 아이싱을 사용한 레시피
  - 레몬 케이크 (P.20)
  - 레몬 시폰 케이크 (P.42)
  - 레몬과 사워크림 위크엔드 (P.44)

[보존 기간]
아이싱은 보존에 적합하지 않다.
만들면 바로 사용하도록 한다.

1 작은 용기에 슈거파우더를 넣고, 가운데 레몬즙 1작은술을 넣는다.

3 섞은 부분이 딱딱해지면 남은 레몬즙을 넣고, 같은 방법으로 슈거파우더를 녹인다.

2 스푼을 사용해 레몬즙 부분을 중심으로 조금씩 섞는다. 레몬즙으로 슈거파우더를 녹이듯이 섞는다.

4 전부 섞이면, 스푼을 들었을 때 덩어리로 똑 떨어지는 정도가 되면 OK. 너무 무르면 슈거파우더를 넣고, 너무 굳어 있으면 레몬즙을 넣어서 조절한다. 취향에 따라 레몬 제스트를 넣어도 좋다.

재료에 대하여

레몬 베이킹에 필요한 재료들.
구하기 쉽고, 다루기 쉬운 일반적인 재료들이다.

1. 레몬
이 책의 주인공! 이 책에서는 국산 레몬을 사용하고 있다.
과육과 겉껍질 사이에 있는 흰 속껍질은 쓴맛의 원인이므로
갈아서 사용할 때는 들어가지 않도록 주의한다.

2. 박력분
베이킹에서 빠뜨릴 수 없는 밀가루이다.

3. 우유
일반적인 우유를 사용한다. 특별한 지시사항이 없다면
실온에 놓아둔 후 사용해야 덩어리가 생기지 않는다.

4. 생크림
유지방 35%인 것을 사용한다. 가볍고 취급하기 쉽고, 분리가
잘 안 되는 특징이 있다. 여기에서는 유지방이 높지 않아도 괜찮다.

5. 그래뉴당
이 책에서 사용하는 메인 설탕은 그래뉴당이다.
끈적거리지 않고, 액체에 잘 녹고 잘 섞이는 것이 특징이다.

6. 달걀
달걀노른자는 감칠맛을 내고, 달걀흰자는 머랭으로 사용한다.
기본적으로 M사이즈(약 50~55g)를 사용한다.

7. 버터
이 책에서는 기본적으로 무염 버터를 사용한다.
녹일 때 이외에는 실온에 두었다가 사용하는 것이 편하다.

8. 슈거파우더
그래뉴당의 결정을 분쇄한 가는 설탕이다.
매우 녹기 쉬우므로 아이싱 등에 사용한다.

9. 꿀
레몬과 궁합이 좋아서, 이 책의 레시피에 자주 사용한다.
독특한 향이 없는 꽃이나 감귤류의 꽃에서 채취된 꿀이 적합하다.

있으면 편리한 도구들

레몬 스퀴저

레몬즙을 짜는 도구. 과육을
대는 곳에 돌기가 있고, 과즙
과 씨가 분리되는 제품을 추
천한다.

그레이터

강판도 상관없지만, 레몬을
가볍게 갈아줄 때 편리하다.
곱게 갈 수 있고 껍질이 달라
붙지 않고 밑으로 떨어진다.

제스터

구멍 뚫린 끝에 껍질을 문지
르면 껍질을 곱게 깎아낼 수
있다. 껍질의 색이 있는 부분
만 얇게 깎아, 칼로 채 친 것
보다 훨씬 곱게 나온다.

레몬의 풍미는 전 세계 누구에게나 향수를 불러일으키는 맛입니다. 레몬 모양의 「레몬 케이크」는 일본에서 만들어진 심플한 케이크로 향수를 불러일으키는 분위기가 있습니다. 또한, 미국의 머핀이나 스콘, 프랑스의 마들렌…… 전부 집에서 엄마가 만들어 줄 것 같은 소박한 레시피입니다. 누구나 만들고 싶고, 간단하며, 티타임에 가볍게 즐길 수 있는 레몬 레시피를 소개합니다.

Lemon Muffins, Raspberry & White Chocolate

레몬 머핀
레몬, 라즈베리 & 화이트 초콜릿 머핀

부드러운 머핀을 만들 때 자주 사용되는 버터밀크. 좀처럼 구하기 쉽지 않으므로, 우유에 레몬즙을 넣어 사용하면 버터밀크를 넣은 것과 비슷하게 완성된다. 과일 등의 재료는 혼합하지 않고 토핑해서 구워보자.

미리 준비하기 (공통)

· 머핀 팬에 유산지를 깐다.
· 박력분과 베이킹파우더를 함께 체로 친다.
· 버터를 실온에 꺼내둔다.
· 우유에 레몬즙을 넣고 섞는다.
· 오븐을 190℃로 예열한다.

[레몬 머핀]

재료 (지름 5.5×높이 3.5㎝ 머핀 팬 3~4개 분량)

버터 … 50g
그래뉴당 … 70g
레몬제스트 … 약간
달걀 … 1개
생크림 … 2큰술
박력분 … 110g
베이킹파우더 … ⅔작은술
우유 … 2큰술
레몬즙 … ½큰술
레몬 슬라이스 … 3~4장

[레몬, 라즈베리 & 화이트 초콜릿 머핀]

재료 (지름 5.5×높이 3.5㎝ 머핀 팬 3~4개 분량)

「레몬 머핀」 재료, 레몬 슬라이스만 제외
라즈베리 … 30g
화이트 초콜릿 … 30g

1 볼에 버터, 그래뉴당, 레몬제스트를 넣고, 거품기로 잘 섞는다.
2 풀어놓은 달걀을 조금씩 넣으며 섞어서 유화시킨다.
3 생크림을 넣고 섞는다.
4 베이킹파우더를 섞은 밀가루의 절반을 넣고, 고무 주걱으로 위아래를 뒤집듯이 가볍게 섞는다.
5 레몬즙을 넣은 우유를 붓고 섞는다. 남은 밀가루를 체로 쳐서 넣고, 가볍게 섞는다.

6 [레몬 머핀]
5를 팬에 붓고, 레몬 슬라이스를 올린다. 180℃로 설정한 오븐에서 20분 정도 굽는다.

[레몬 & 라즈베리 & 화이트 초콜릿 머핀]
5를 팬에 붓고, 라즈베리와 잘게 썬 화이트 초콜릿을 약간 눌러서 집어넣듯이 올리고, 180℃로 설정한 오븐에서 20분 정도 굽는다.

Lemon & Chocolate Scone
레몬 & 초콜릿 스콘

레몬, 헤이즐넛, 초콜릿의 조합은 프랑스에서 인기가 좋다. 반죽에서 쌉쌀한 맛이 나므로, 굵게 다져서 넣는 밀크 초콜릿의 단맛이 포인트이다. 레몬의 신맛을 더욱 강하게 하고 싶을 때는 아이싱을 올려도 좋다.

재료 (6개 분량)

헤이즐넛 … 20g

밀크 초콜릿 … 50g

Ⓐ

  박력분 … 130g

  코코아 … 15g

  베이킹파우더 … 1½작은술

  그래뉴당 … 2큰술

버터 … 50g

우유 … 60cc

레몬즙 … 1큰술

레몬제스트 … ½개분

비터 레몬 마멀레이드(P.10) … 2큰술

미리 준비하기

· 우유에 레몬즙을 넣고 섞는다.

· 버터를 냉장고에 넣어 식힌다.

· 오븐을 190℃로 예열한다.

· 헤이즐넛을 볶는다.

1 헤이즐넛은 절반으로, 초콜릿은 적당한 크기로 쪼갠다.

2 Ⓐ를 섞은 후, 체로 쳐서 볼에 넣는다.

3 버터를 2의 볼에 넣고 1㎝ 주사위 크기로 자른다.

4 레몬즙을 넣은 우유를 붓고 섞는다. 1과 레몬제스트를 넣고 섞어서 한 덩어리로 만든다. 반죽에 버터가 하얗게 보여도 괜찮다.

5 덧밀가루(박력분, 분량 외)를 뿌린 작업대에 4를 올려서 가볍게 늘리고, 마멀레이드 절반을 올려 반으로 접는다. 다시 한번 똑같이 늘리고, 남은 마멀레이드를 올린 후, 다시 접는다. 2㎝ 두께, 가로세로 10×15㎝로 만든 후, 가로세로 5㎝ 크기로 자른다(a).

6 오븐 팬에 올려서, 190℃ 오븐에서 15분간 굽는다.

a

Lemon Cake
레몬 케이크

레몬 케이크는 스펀지와 파운드의 중간 정도로 폭신폭신한 식감의 클래식한 맛이 난다. 컵케이크 형태로도 가능하지만, 역시 레몬 모양 틀을 사용하면 더 즐겁다.

재료 (8×5.5㎝ 레몬 모양 틀 8~9개 분량)

◎ 레몬 케이크 반죽

달걀 … 2개

그래뉴당 … 80g

꿀 … 10g

박력분 … 80g

콘스타치 … 20g

버터 … 60g

레몬즙 … 1큰술

레몬제스트 … ½개분

◎ 레몬 아이싱(P.12)

슈거파우더 … 100g

레몬즙 … 4작은술

미리 준비하기

· 틀에 크림 상태의 버터(분량 외)를 얇게 바르고, 박력분(분량 외)을 작은 체로 쳐서 틀에 뿌린 후 여분의 가루를 털어낸다.

· 버터를 녹여 따뜻한 상태로 만든다.

· 오븐을 180℃로 예열한다.

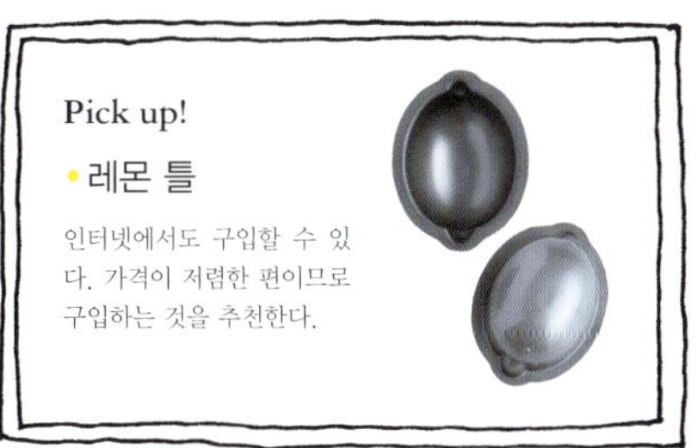

Pick up!

● 레몬 틀

인터넷에서도 구입할 수 있다. 가격이 저렴한 편이므로 구입하는 것을 추천한다.

1 볼에 달걀, 그래뉴당, 꿀을 넣고 섞는다. 중탕하며 핸드믹서 가장 센 단계로 거품을 낸다. 따뜻해지면 중탕을 그만두고, 반죽을 들어 올렸을 때 반죽 뿔 모양이 3초 정도 버틸 때까지 휘핑한다(a).

2 핸드믹서 저속으로 1분 정도 더 돌려서 거품을 곱게 만든다(b).

3 박력분과 콘스타치를 함께 2에 체로 쳐서 넣고, 고무 주걱으로 가볍게 섞는다.

4 녹인 버터, 레몬즙, 레몬제스트를 넣고 윤기가 날 때까지 자르듯이 섞는다(c). 틀에 붓고(d), 180℃ 오븐에서 15분간 굽는다.

5 대나무 꼬치로 찔렀을 때 아무것도 묻어나지 않으면, 틀에서 꺼내 식힌다.

6 볼에 슈거파우더와 레몬즙을 넣고 섞어서 아이싱을 만든다(P.12). 레몬 케이크의 볼록한 쪽을 위로 하고, 가운데 아이싱을 올리고 스푼으로 조금씩 펴서 덮는다(e). 실온(여름철에는 냉장고)에서 아이싱을 건조시킨다(아이싱 대신에 시판의 코팅용 화이트 초콜릿을 뿌려도 OK).

a

b

c

d

e

Lemon Beignets

레몬 베니에

유럽에서는 2월 카니발에 즐기는 과자이다. 반죽에 포함된 버터가 녹아 층을 이뤄서 바삭바삭한 파이와 같은 식감을 만든다. 튀길 때 거품이 많이 발생하므로 주의가 필요하다.

재료 (약 50개 분량)

버터 … 30g

그래뉴당 … 15g

달걀 … 1개

박력분 … 150g

베이킹파우더 … 1작은술 미만

슈거파우더 … 60g

레몬제스트 … 1개분

튀김용 기름 … 적당량

미리 준비하기

· 버터를 실온에 꺼내둔다.

1 볼에 버터와 그래뉴당을 넣고, 거품기로 잘 섞는다.

2 풀어둔 달걀을 1에 조금씩 넣으며 섞는다.

3 박력분과 베이킹파우더를 함께 체로 쳐서 넣고, 고무 주걱으로 가볍게 섞는다.

4 랩을 넓게 펼치고, 그 위에 3을 올린 뒤 랩을 덮는다. 밀대로 가로세로 20cm, 두께 5mm로 늘린다. 그대로 냉장고에 넣고, 30분 이상 휴지시킨다.

5 4를 2cm 폭으로 자르고, 다시 마름모 형태가 되도록 비스듬히 자른다(a). 굳었던 반죽이 도중에 풀어지면 다시 냉장고에서 휴지시킨다.

6 스테인리스 트레이에 슈거파우더와 레몬제스트를 섞어 둔다.

7 깊은 프라이팬에 2cm 정도 기름을 넣고, 170℃로 가열한 뒤 5를 넣는다. 연한 갈색으로 겉이 바삭해질 때까지 튀긴다(b). 기름을 제거하고 식기 전에 6에 넣어 묻힌다(c).

Crepe with Lemon
레몬 크레이프

버터와 함께 설탕의 씹히는 식감을 즐기는
크레이프는 프랑스의 대중적인 요리이다. 레
몬즙을 뿌리면 더욱 매력적인 맛이 된다.

재료 (3~4장 분량)

◎ 크레이프 반죽

박력분 … 40g

그래뉴당 … ½큰술

달걀 … 1개

우유 … 125cc

버터 … ½큰술

◎ 마무리

그래뉴당, 버터, 레몬 … 적당량

1 볼에 박력분과 그래뉴당을 넣고, 거품기로 잘 섞는다. 달
  걀과 우유를 잘 섞은 후 볼에 조금씩 부으며 함께 섞는다.

2 프라이팬에 버터를 올리고 약한 불에서 녹인 후, 1에 넣고
  섞는다. 가능하면 냉장고에서 30분 이상 휴지시킨다. 반
  죽이 잘 늘어나고, 쉽게 찢어지지 않는 효과가 있다.

3 2의 프라이팬을 그대로 중불에서 올리고, 국자로 반죽을
  붓는다. 테두리가 쪼글쪼글해지면(a) 뒤집어서 10초 정도
  굽는다. 같은 방법으로 3~4장 굽는다.

4 접시에 접어서 올려놓고, 그래뉴당을 뿌리고, 버터를 올
  리고, 레몬즙을 뿌린다.

a

Steamed Lemon Bread
레몬 찐빵

볼을 하나만 써서 만들 수 있는 간단한 간식
이다. 마멀레이드 껍질을 위에 올리면 부풀
때 갈라지고, 반죽에 섞어서 넣으면 매끈하
고 동그란 모양이 되어 서로 다른 느낌을 줄
수 있다. 좋아하는 스타일로 만들면 된다.

재료 (지름 4㎝ 컵케이크용 컵 6개 분량)

박력분 … 100g
베이킹파우더 … 1작은술
그래뉴당 … 40g
달걀 … 1개
우유 … 50㏄
샐러드유 … 2큰술
스위트 마멀레이드(P.10) … 2큰술

1 볼에 박력분, 베이킹파우더, 그래뉴당을 넣고, 거품기로
섞는다.
2 다른 볼에 달걀을 넣고, 우유와 샐러드유를 조금씩 넣으
며 섞는다.
3 1에 2를 조금씩 넣으면서, 부드럽게 될 때까지 거품기
로 섞는다. 마멀레이드 절반을 넣고 가볍게 섞는다. 컵의
70% 정도까지 반죽을 붓고, 남은 마멀레이드를 올린다.
4 찜통을 사용하거나 냄비에 키친페이퍼를 깔고 깊은 내열
용기를 넣은 후, 용기 주변에 물을 3㎝ 정도 붓고, 3을 늘
어놓는다. 면포로 감싼 뚜껑을 덮고, 뚜껑과 냄비 사이에
요리용 젓가락을 끼워서 수증기가 빠져나가게 한다(키친
페이퍼는 물이 끓을 때 냄비와 내열 용기가 부딪히는 것
을 방지한다).
5 중불에서 10분간 찐다. 대나무 꼬치로 찔러봐서 아무것도
묻어나지 않으면 완성!

Lemon Cookie Sandwiches
레몬 쿠키 샌드

쌉쌀한 마멀레이드가 포인트인 레몬 쿠키 샌
드는 어른들이 좋아하는 맛이다. 샌드하지
않고 쿠키에 크림을 발라 먹어도 맛있다.

재료 (12개분)
◎ 쿠키 반죽
버터 … 60g
슈거파우더 … 35g
달걀노른자 … 1개분
Ⓐ
   아몬드파우더 … 20g
   박력분 … 90g
   베이킹파우더 … ½작은술
   소금 … 약간
◎ 필링
화이트 초콜릿 … 50g
버터 … 50g
레몬 마멀레이드(P.10, 아무거나) … 50g

미리 준비하기
· 쿠키 반죽, 필링에 사용하는 버터를 실온
  에 꺼내둔다.
· 오븐 팬에 종이호일을 깔아둔다.
· 오븐을 180℃로 예열한다.

◎ 쿠키 반죽
1 볼에 버터를 넣고 크림 상태가 될 때까지 거품기로 섞은
  후, 슈거파우더를 넣고 잘 섞는다. 그리고 달걀노른자를
  넣고 잘 섞는다.
2 Ⓐ를 체로 쳐서 1에 넣고, 고무 주걱으로 가볍게 섞어서
  한 덩어리로 만든다.
3 길게 자른 2장의 랩을 십자 모양으로 교차하도록 펼친다.
  2를 올려놓고, 18×24㎝ 크기가 되도록 랩을 접는다.
4 랩 위에서 밀대를 밀어, 랩의 크기에 맞춰 균일하게 늘인
  다(a). 도중에 반죽이 지나치게 부드러워지면 냉장고에서
  휴지시킨다.
5 랩을 벗겨서 종이호일에 올려놓고, 냉장고에서 15분간 휴
  지시킨다.
6 가장자리를 정리하고, 가로세로 6×4등분으로 자른다(b).
  종이호일 채로 오븐 팬에 올려, 간격을 벌려서 다시 배열
  한다. 180℃ 오븐에서 12~15분, 노릇노릇해질 때까지 굽
  는다.

◎ 필링
7 볼에 다진 화이트 초콜릿을 넣고 중탕한다. 녹으면 중탕
  을 멈추고, 버터를 넣고 섞는다. 볼 바닥을 얼음물에 대
  고, 거품기로 섞으면서 식힌다.

8 쿠키 반죽이 식으면 구운 면을 위로 하고 2장을 1세트로
  하여 필링과 마멀레이드를 샌드한다(c).

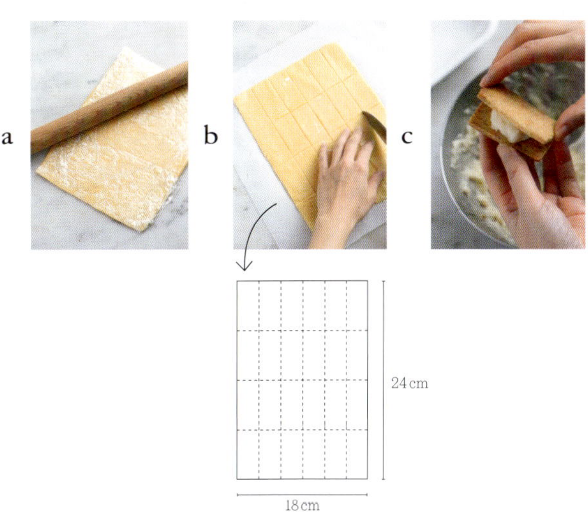

Lemon Polvoron
레몬 폴보론

「스노우 볼」이라고도 불리는 새하얀 과자. 잘 구워서 수분을 제거한 박력분을 사용하고, 소량의 쇼트닝을 넣으면 입안에서 사르르 녹는 식감이 생긴다. 버터만으로도 맛있게 만들 수 있다.

재료 (40~45개 분량)

버터 … 80g

쇼트닝 … 40g

  (버터만 사용할 경우 120g)

슈거파우더 … 50g

레몬제스트 … 1개분

박력분 … 160g

아몬드파우더 … 40g

슈거파우더 (마무리용) … 100g

미리 준비하기

· 버터와 쇼트닝을 실온에 꺼내둔다.

· 오븐 팬에 종이호일을 깔고, 박력분 160g 을 펼쳐서 130℃로 예열한 오븐에서 1시간 굽는다.

· 박력분을 구운 후에는 종이호일을 새로 깐다.

· 오븐을 160℃로 예열한다.

1 볼에 버터, 쇼트닝, 슈거파우더와 레몬제스트 ½분량을 넣고 섞는다.

2 구운 박력분과 아몬드파우더를 함께 체로 쳐서 넣고, 가루가 보이지 않을 때까지 고무 주걱으로 가볍게 섞는다.

3 덧밀가루(박력분, 분량 외)를 뿌리면서 손으로 지름 3㎝의 공 모양으로 만들어서(a), 오븐 팬에 올려놓고 160℃ 오븐에서 12~15분간 굽는다.

4 따뜻할 때, 남은 레몬제스트를 섞은 슈거파우더를 묻힌다 (b).

슈거파우더는 뜨거울수록 골고루 두껍게 묻고, 약간 식히면 얇게 묻는다. 완전히 식어버리면 묻지 않으므로 주의한다.

Lemon & Milk Cream Baguette

레몬 & 밀크 크림 바게트 ^(상)

바게트의 짠맛 안에서 향기로운 연유 버터의
맛이 퍼지는, 달고 짠 맛이 매력적이다.
거친 식감에 감칠맛과 어울려 상쾌함이 터지
는 느낌이 좋다.

재료 (2인분)

연유 … 40g
버터 … 30g
레몬제스트 … ½개분
레몬즙 … 2작은술
바게트 … ½개

미리 준비하기

· 버터를 실온에 꺼내둔다.

1 연유와 버터를 잘 섞는다. 레몬제스트와 레몬즙을 넣고,
  계속 섞는다.
2 바게트에 깊게 칼집을 넣고, 그 사이에 **1**을 바른다.

Lemon Sandwiches

레몬 샌드위치 ^(하)

간식으로 좋은 샌드위치. 커드만으로는 시큼
하므로 바나나로 부드럽게 중화시킨다. 크림
치즈를 휘핑크림으로 교체하면 디저트 느낌
이 더욱 살아난다.

재료 (2인분)

식빵(샌드위치용) … 4장
레몬커드(P.08) … 4~5큰술
바나나(소) … 2개
크림치즈 … 3큰술
그래뉴당 … 1작은술

1 식빵 2장에 레몬커드를 바르고, 통썰기한 바나나를 늘어
  놓는다.
2 크림치즈에 그래뉴당을 섞어서, 다른 쪽 빵에 바른다.
3 1과 2를 겹치고, 식빵 테두리를 제거한 후, 먹기 편한 크
  기로 잘라준다. 면포 등으로 싸서 냉장고에서 1시간 정도
  휴지시키면 자르기 쉽다.

크림치즈 대신, 휘핑크림 100cc에 그래뉴당 2작은술을 넣고 휘핑한 것을 사용하면
레몬커드가 돋보이는 달콤한 과일 샌드위치가 된다.

허니 레몬 마들렌

구워서 바로 먹으면 겉은 바삭하고 속은 부
드럽다. 조금 두었다 먹으면 촉촉해져서 꿀
과 레몬이 스며나와 입안 가득 퍼진다. 그래
뉴당에 레몬 향기를 배게 하는 것이 포인트
이다.

재료 (마들렌 팬 8개 분량)

그래뉴당 ... 60g

레몬제스트 ... ½개분

달걀 ... 1개

우유, 꿀 ... 각 1큰술

박력분 ... 70g

베이킹파우더 ... ⅓작은술

버터 ... 70g

미리 준비하기

· 그래뉴당과 레몬제스트를 섞어둔다.

· 팬에 크림 상태의 버터를 얇게 바르고, 박
  력분을 작은 체로 쳐서 묻히고 여분의 밀
  가루를 털어낸다(분량 외).

· 버터를 중탕으로 녹인다.

· 오븐을 190℃로 예열한다.

1 섞어놓은 그래뉴당과 레몬제스트를 볼에 넣고, 달걀을 깨
   서 넣고 잘 섞는다.

2 우유와 꿀을 넣고 섞는다.

3 박력분과 베이킹파우더를 함께 체로 쳐서 넣고, 거품기로
   가볍게 섞는다.

4 열이 식은 녹인 버터를 넣고 섞는다. 볼을 랩으로 감싸고,
   냉장고에서 1시간 이상 휴지시킨다.

5 짤주머니나 스푼으로 팬에 반죽을 넣고, 190℃ 오븐에서
   12분 정도 굽는다.

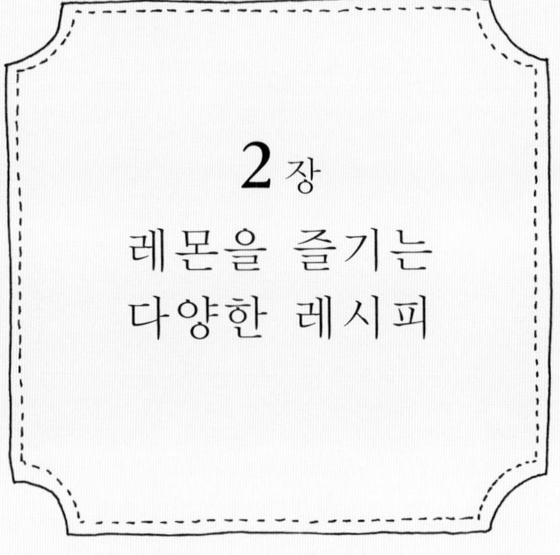

누구나 손쉽게 레몬의 맛을 잘 살리는 디저트를 만들고 싶을 것입니다. 부드러운 머랭을 듬뿍 얹은 레몬 크림 파이와 신맛을 제대로 살린 타르트 시트론은 레몬이기에 맛볼 수 있는 단맛과 신맛의 대비가 묘미입니다. 2장의 레시피는 레몬이 다양한 디저트와 궁합이 좋다는 것을 증명해줍니다. 레몬의 선명한 노란색이 돋보이는 매력적인 레시피를 소개합니다.

프레시 레몬
파운드 케이크

반죽에도 레몬을 넣고, 바로 구운 케이크에
도 과즙을 듬뿍 스며들게 했다. 토핑으로 신
선한 레몬 슬라이스를 사용해도 좋다.

재료 (18×7×6.5㎝ 파운드 팬 1개 분량)

버터 … 110g

그래뉴당 … 110g

달걀 … 2개

박력분 … 130g

베이킹파우더 … ⅔작은술

레몬즙 … 2큰술

레몬제스트 … ½개분

◎ 마무리

레몬즙 … ½개분

슈거파우더 … 50g

시럽에 조린 레몬 슬라이스(a) … ½개분

※만드는 방법은 아래 Point 참조

미리 준비하기

· 버터와 달걀을 실온에 꺼내둔다.

· 팬에 종이호일을 깐다. 팬 크기에 맞춰서
  접는 선을 만든 후, 코너 4곳을 가위로 잘
  라주고(b), 팬에 넣어 깐다(c).

· 오븐을 180℃로 예열한다.

1 볼에 버터와 그래뉴당을 넣고, 하얗게 될 때까지 거품기
  로 섞는다(d).

2 푼 달걀을 10회에 나눠서 넣으며, 그때마다 잘 섞어준다.

3 박력분과 베이킹파우더를 함께 체로 쳐서 넣고, 가루가
  없어질 때까지 고무 주걱으로 크게 대충 섞는다. 레몬즙
  과 레몬제스트를 넣고(e) 섞는다.

4 팬에 붓고, 표면을 고무 주걱으로 평평하게 정리하고,
  180℃ 오븐에서 40분간 굽는다.

5 레몬즙과 슈거파우더를 섞고, 4가 식기 전에 전체에 발라
  서 스며들게 한다(f). 시럽에 조린 레몬 슬라이스를 토핑
  으로 올린다.

Point

물 50cc와 그래뉴당 50g을 섞어 끓인 물에 슬라이스 레몬을 넣고, 냄비 안에 쏙 들어가는 조림용 뚜껑을 하고 살짝 조린다.
각각의 비율은 1:1:1이 기준. 넉넉하게 만들어 보존해 두면 편리하다.

Lemon Cheesecake
레몬 치즈케이크

수플레 타입의 치즈케이크. 사르륵 입에서 녹아내리는 것이 매력이다. 레몬커드를 방울방울 떨어뜨려서 신맛이 무작위로 퍼져나가게 하는 것이 고르게 섞는 것보다 훨씬 돋보인다. 구운 것을 바로 먹어도 맛있지만, 다음 날 먹어도 맛있는 케이크이다.

재료 (지름 18㎝ 원형 팬 1개 분량)

크림치즈 … 300g

그래뉴당 … 70g

달걀 … 3개

생크림 … 100cc

레몬즙 … 1큰술

레몬제스트 … 조금

박력분 … 60g

레몬커드(P.08) … 150g

슈거파우더 … 적당량

미리 준비하기

· 크림치즈를 실온에 꺼내둔다.

· 달걀의 노른자와 흰자를 분리한다.

· 팬에 종이호일을 깔고, 바닥이 분리되는 팬의 경우에는 알루미늄 호일로 바닥을 감싼다(a).

· 오븐을 170℃로 예열한다.

1 볼에 크림치즈와 그래뉴당 30g을 넣고, 거품기로 부드럽게 될 때까지 섞는다.

2 달걀노른자를 넣고 섞은 후, 생크림을 넣고 다시 섞는다.

3 레몬즙과 레몬제스트를 넣어(b) 섞고, 박력분을 체로 쳐서 넣는다.

4 다른 볼에 달걀흰자를 넣고, 핸드믹서로 거품을 낸다. 하얗게 되면 남은 그래뉴당을 조금씩 넣어서 거품기를 들어올렸을 때 뾰족한 뿔 모양이 생길 때까지 휘핑한다.

5 3에 4를 3번에 나눠서 넣고(c), 넣을 때마다 잘 섞는다.

6 원형 팬에 붓고, 레몬커드를 방울방울 떨어뜨린다(d).

7 오븐 팬에 종이호일을 깔고 팬을 놓고 물을 3㎝ 정도 붓는다. 그리고 170℃ 오븐에서 40분간 중탕으로 굽는다.

8 한 김 식으면 팬을 꺼내고, 작은 체로 슈거파우더를 뿌린다.

a

b

c

d

타르트 시트론
타르트 시트론 쇼콜라

시트론은 프랑스어로 레몬을 뜻한다. 타르트
시트론은 상큼한 신맛을 즐길 수 있는 프랑
스의 대표적인 레몬 디저트이다. 남은 반죽
으로는 쿠키를 만들어도 좋다.

[타르트 반죽] 공통

재료

(만들기 쉬운 분량, 지름 16㎝ 타르트 팬 2개 분량)

버터 … 90g

슈거파우더 … 30g

달걀노른자 … 1개분

Ⓐ
  박력분 … 120g
  소금 … 약간
  아몬드파우더 … 20g
  (타르트 시트론 쇼콜라의 경우,
   코코아 … 10g)

미리 준비하기

· 버터를 실온에 꺼내둔다.

a

1 버터와 슈거파우더를 볼에 넣고 거품기로 섞는다.
2 달걀노른자를 넣고, 잘 섞이면 Ⓐ를 체로 쳐서 넣고 가볍
   게 섞어, 한 덩어리로 만든다. 랩으로 감싸서 냉장고에 1
   시간 이상 휴지시킨다. 1개씩 만들 경우에는 절반만 사용
   하고 남은 것은 냉장 보존한다.
3 덧밀가루(박력분, 분량 외)를 뿌린 작업대에 2를 올리고,
   밀대로 지름 24㎝ 정도의 원형으로 펴준다.
4 3을 타르트 팬에 올리고, 가장자리를 손으로 눌러 넣는다
   (a). 팬 밖으로 튀어나온 부분은 밀대로 눌러서 자르고,
   잘라낸 부분을 이용해서 가장자리를 팬보다 5㎜ 정도 높
   게 한다. 포크를 사용하여 바닥에 여러 개의 구멍을 낸다.
5 냉장고에 넣어 반나절 이상 식혀서 굳힌다.
6 종이호일을 깔고 누름돌을 올린다. 180℃로 예열한 오븐
   에서 20분간 굽고, 누름돌과 종이호일을 제거하고 10분
   더 굽는다. 실온에서 식힌다.

[타르트 시트론]

재료 (지름 16㎝ 타르트 팬 1개 분량)

◎ 레몬 크림

Ⓐ

| 달걀 … 2개   레몬즙 … 80㏄
| 레몬제스트 … 2개분
| 그래뉴당 … 120g

젤라틴 … 2~3g   물 … 1큰술
버터(깍둑썰기) … 80g
구운 타르트지 … 1개
슈거파우더 … 적당량

a

미리 준비하기

· 달걀을 풀어둔다.
· 물에 젤라틴을 넣고 불린다.

1 냄비에 Ⓐ를 넣고 약한 불에 올린다. 거품기로 계속 섞다
가, 가장자리가 되직해지면 고무 주걱으로 바꿔서 섞는다
(a). 전체가 되직해지면 불을 끈다. 불린 젤라틴을 넣어
섞고, 체로 거른다.
2 예열로 버터를 녹여서 섞는다.
3 한 김 식으면 타르트지에 붓고, 냉장고에 넣어 식혀서 굳
힌다. 먹기 직전에 작은 체로 슈거파우더를 뿌린다.

[타르트 시트론 쇼콜라]

재료 (지름 16㎝ 타르트 팬 1개 분량)

레몬크림 … 「타르트 시트론」의 절반 분량
밀크초콜릿 … 75g
생크림 … 2½큰술
스위트 레몬 마멀레이드(P.10) … 1큰술
구운 코코아 타르트지 … 1개

1 밀크초콜릿을 잘게 썰어 볼에 넣고, 따듯하게 데운 생크
림을 넣어 천천히 녹인다.
2 타르트지에 1을 붓고, 마멀레이드를 띄엄띄엄 올리고, 냉
장고에서 30분 이상 식힌다.
3 레몬 크림을 「타르트 시트론」의 만드는 방법1~2으로 절
반 분량을 만든다.
4 2에 3을 붓고, 다시 냉장고에서 굳힌다.

Lemon Squares
레몬 스퀘어

레몬즙이 가득 차 있는 듯한 이미지. 눈이 번쩍 뜨이는 상큼한 맛을 즐길 수 있다. 레몬 맛이 돋보이도록 쿠키는 버터 맛이 풍부한 쇼트브레드를 응용하여 만들었다. 포피시드로 톡톡 터지는 식감을 더한다.

재료 (15×15㎝ 사각 팬 1개 분량)

박력분 … 70g

슈거파우더 … 2큰술

레몬제스트 … ½개분

버터 … 60g

포피시드 … 1작은술

◎ 필링

박력분 … 1큰술

베이킹파우더 … ¼작은술

레몬즙 … 1개분

달걀 … 1개

그래뉴당 … 60g

레몬제스트 … ½개분

미리 준비하기

· 버터를 잘 식혀서 깍둑썰기한다.

· 오븐을 190℃로 예열한다.

1 볼에 박력분과 슈거파우더를 넣고 거품기로 대충 섞는다. 레몬제스트와 버터를 넣고, 버터에 박력분을 묻히듯이 잘라가며 섞는다.

2 소보로 상태가 되면 양손으로 비벼서 섞고, 포피시드를 넣은 후 한 덩어리로 만든다.

3 사각 팬에 넣고, 손가락으로 펼치며 깔아 넣는다.

4 190℃ 오븐에 넣고 15분, 노릇한 색이 될 때까지 굽는다.

5 필링을 만든다. 볼에 박력분, 베이킹파우더, 레몬즙을 넣고 잘 섞는다.

6 달걀, 그래뉴당, 레몬제스트를 넣고 거품기로 섞는다.

7 4가 뜨거울 때 6을 붓고, 190℃ 오븐에서 20분간 굽는다.

Pick up!

● 포피시드

양귀비 씨앗. 톡톡 터지는 식감과 고소한 향기가 있다. 제과용품점에서 구입할 수 있다. 여기서 사용한 것은 블루 포피시드이다.

Lemon Chiffon Cake
레몬 시폰케이크

푹신푹신한 가벼운 반죽의 시폰케이크에 아이싱을 올리면, 상쾌하게 부서지는 식감이 더해지고, 레몬의 프레시한 맛이 퍼져나간다. 두고두고 기억에 남을 맛이다. 더욱더 진한 레몬 향기를 내고 싶을 때는 샐러드유 대신 레몬오일을 만들어 사용해도 좋다.

재료 (바닥 지름 16㎝ 시폰케이크 팬 1개 분량)

달걀 … 4개

그래뉴당 … 80g

샐러드유 … 60cc

물 … 2½큰술

레몬즙 … 1큰술

레몬제스트 … 1개분

박력분 … 85g

◎ 레몬 아이싱(P.12)

슈거파우더 … 50g

레몬즙 … 2작은술

미리 준비하기

· 달걀의 노른자와 흰자를 분리한다.

· 오븐을 170℃로 예열한다.

1 달걀노른자와 흰자를 각각 다른 볼에 넣는다.

2 달걀노른자에 그래뉴당 ¼분량을 넣고, 거품기로 잘 섞는다. 하얗게 되면 샐러드유를 조금씩 넣으면서 잘 섞는다. 찰기가 생기면 물, 레몬즙, 레몬제스트를 넣고 섞는다. 박력분을 체로 쳐서 넣고 거품기로 섞는다.

3 달걀흰자를 핸드믹서의 가장 센 단계로 휘핑한다. 하얗게 되면 남은 그래뉴당을 조금씩 넣으면서 거품기를 들어 올렸을 때 뾰족한 뿔 모양이 생기면서 끝이 약간 꺾일 정도로 거품을 낸다.

4 2에 3의 ⅓분량을 넣고, 거품기로 잘 섞는다. 남은 3을 넣고, 고무 주걱으로 가볍게 떠내듯이 섞는다. 반죽이 천천히 흐를 정도의 묽기가 되면 OK.

5 팬에 붓고, 170℃ 오븐에서 30~35분간 굽는다. 구워지면 팬 채로 병에 뒤집어 꽂아서 식힌다(**a**).

6 식으면 나이프 등을 이용하여 팬과 케이크를 분리하고 (**b**), 팬에서 꺼낸다.

7 볼에 슈거파우더와 레몬즙을 넣고, 잘 섞어서 아이싱을 만든다(P.12). 팔레트 나이프 등을 사용하여 케이크 상단에 아이싱을 펼쳐 바른다.

a

b

Point

병에 필러로 벗긴 레몬 껍질을 넣고, 샐러드유 등 향이 없는 오일을 부어
냉장고에서 1주일간 담가두면, 레몬향이 나는 레몬오일이 완성된다.
껍질을 제거하면 장기가 보존할 수 있으므로, 필요할 때 언제나 레몬 향을 즐길 수 있다.

레몬 & 사워크림
위크엔드

사워크림을 넣으면 가벼운 느낌의 케이크가 된다. 두 가지 종류의 신맛이 더해져 맛이 깔끔해진다. 아이싱을 바른 후, 살짝 굽기 때문에 투명하게 마무리된다.

재료 (18×7×6.5㎝ 파운드 팬 1개 분량)

Ⓐ
| 버터 ... 90g
| 그래뉴당 ... 90g
| 사워크림 ... 45g

달걀 ... 2개
박력분 ... 120g
베이킹파우더 ... ½작은술
레몬제스트 ... ½개분

◎ 레몬 아이싱(P.12)
슈거파우더 ... 50g
레몬즙 ... 2작은술

비터 레몬 마멀레이드(P.10) ... 적당량
피스타치오 ... 적당량

미리 준비하기
· 버터와 달걀을 실온에 꺼내둔다.
· 파운드 팬에 종이호일을 깔아둔다.
· 오븐을 180℃로 예열한다.

1 볼에 Ⓐ를 넣고, 부드럽게 될 때까지 휘핑한다.
2 푼 달걀을 조금씩 넣고, 넣을 때마다 잘 섞어준다.
3 박력분과 베이킹파우더를 함께 체로 쳐서 넣고(**a**), 레몬 제스트를 넣고, 고무 주걱으로 가루가 보이지 않을 정도로 가볍게 섞는다(**b**).
4 반죽에서 윤기가 날 때까지 바닥에서부터 크게 뒤집듯이 전체적으로 섞는다.
5 팬에 붓고, 표면을 고무 주걱으로 다듬은 후, 180℃ 오븐에서 40분간 굽는다.
6 한 김 식으면 부풀어 오른 부분을 잘라내고(**c**), 뒤집는다.
7 볼에 슈거파우더와 레몬즙을 넣고, 잘 섞어서 아이싱을 만든다(P.12).
8 상단에 아이싱을 올리고, 펼친다(**d**). 마무리로 200℃ 오븐에서 1~2분 정도 아이싱이 균일하게 흘러내릴 때까지 살짝 굽는다. 비터 마멀레이드와 피스타치오를 올려서 장식한다.

a

b

c

d

Lemon Meringue Pie

레몬 머랭 파이

레몬 크림은 가벼운 머랭과 함께 먹으면 정말 맛있고 감칠맛이 난다. 신맛과 단맛의 조합이 매력적이다. 습도가 높으면 머랭이 꺼지기 쉬우므로, 만든 당일 먹는 것이 좋다.

재료 (지름 21cm 파이 접시 1개 분량)
냉동 파이시트 (20×20cm) … 1개

◎ 레몬 크림

Ⓐ
| 그래뉴당 … 100g
| 콘스타치 … 2큰술
| 레몬제스트 … ½큰술

레몬즙(3개분) + 물(적당량) … 합계 150cc
달걀노른자 … 2개분
달걀 … 2개
버터 … 15g

◎ 머랭
달걀흰자 … 2개분
그래뉴당 … 50g

◎ 레몬 크림

1 소스 팬에 Ⓐ를 넣고, 물과 함께 레몬즙을 조금씩 넣으면서 거품기로 섞는다(a). 부드러워지면 미리 풀어둔 달걀노른자와 달걀을 넣고(b) 섞는다.

2 1을 약한 불에 올리고, 거품기로 섞어주면서 가열한다. 걸쭉해지면 고무 주걱으로 잠시 섞은 후, 불을 끈다(c).

3 버터를 넣고, 예열로 녹이면서 섞는다. 체로 걸러서 스테인리스 트레이에 옮기고, 랩을 표면에 밀착하도록 씌워 냉장고에서 1시간 이상 식힌다.

◎ 파이지

4 오븐을 180℃로 예열한다. 냉동 파이시트는 밀대로 가볍게 밀어서 파이 접시에 올려놓고 가장자리까지 손으로 눌러서 밀착시킨다. 가장자리에 튀어나온 부분은 가위로 잘라낸다.

5 포크로 바닥에 여러 개의 구멍을 낸 후, 종이호일을 깔고 누름돌을 올린다.

6 180℃ 오븐에서 20분간 구운 후, 종이호일과 누름돌을 제거하고 10분간 더 굽는다. 실온에서 식힌다.

◎ 머랭

7 볼에 달걀흰자를 넣고, 핸드믹서의 가장 센 단계로 하얗게 될 때까지 휘핑한다. 그래뉴당을 몇 번에 걸쳐 나눠 넣으며 휘핑한다. 거품기를 들어 올렸을 때 뾰족한 뿔 모양이 생길 때까지 휘핑한다.

8 6의 파이지에 3의 레몬 크림을 올리고, 고무 주걱으로 평평하게 정리한다. 그 위에 7의 머랭을 올리고 고무 주걱으로 평평하게 만든 후, 스푼의 볼록한 면으로 뾰족한 뿔 모양을 만든다.

9 220℃ 오븐에서 3~4분간 구워서 표면이 노릇해지게 한다.

a

b

c

Lemon Roll Cake

레몬 & 화이트 초콜릿 크림 롤케이크

꿀이 들어간 촉촉한 반죽에 부드러운 화이트 초콜릿 크림을 듬뿍 넣고, 레몬커드의 신맛을 더하면 멋진 조화를 이룬다. 구운 시트는 랩으로 공기가 통하지 않게 감싸서 반나절 이상 식히면, 촉촉해져서 말기 쉽고 맛도 좋아진다.

재료(지름 7㎝ × 길이 24㎝ 1개 분량)

◎ 반죽

Ⓐ
| 달걀 … 3개
| 그래뉴당 … 90g
| 꿀 … ½큰술

박력분 … 60g

◎ 가나슈 몽떼

화이트 초콜릿 … 80g

생크림 … 200cc

레몬커드(P.08) … 150g

◎ 마무리(선택 사항)

생크림 … 200cc

그래뉴당 … 1큰술

화이트 초콜릿 … 적당량

미리 준비하기

· 가나슈 몽떼를 만들기 위해 화이트 초콜릿을 잘게 썰어 볼에 넣고, 끓기 직전까지 데운 생크림을 부어서 녹여가며 섞는다. 냉장고에서 하룻밤(최소 6시간) 식힌다.

· 오븐 팬에 종이호일을 2장 깐다. 한 장은 바닥면에 딱 맞는 크기로 잘라서 깔고, 다른 한 장은 조금 크게 잘라서 가장자리를 세워가며 깐다.

· 오븐을 190℃로 예열한다.

1 볼에 Ⓐ를 넣고 중탕하며, 핸드믹서의 가장 센 단계로 휘핑한다. 체온보다 약간 뜨거운 정도(약 40℃)가 되면 중탕을 멈추고 4~5분간 더 휘핑한다. 반죽을 들어 떨어뜨렸을 때 자국이 남을 정도면 OK.

2 박력분을 체로 쳐서 넣고, 한 손으로 볼을 돌려가며 고무주걱으로 바닥부터 크게 뒤집듯이 잘 섞는다.

3 반죽에 윤기가 생기면 오븐 팬 중심에 붓고, 스크래퍼로 전체에 고르게 펼친다(a). 190℃ 오븐에서 10~12분간 굽는다.

4 전체적으로 구워져서 연한 갈색이 되면, 종이호일 채로 오븐 팬에서 분리하여 도마에 올려놓는다. 그 위에 종이호일을 덮어준 후, 한 김 식으면 랩으로 밀봉하여 완전히 식힌다. 가능하면 하룻밤 놔둔다.

5 말기 직전에 식힌 가나슈 몽떼의 재료를 볼에 넣고, 핸드믹서로 거품기를 들어 올렸을 때 뾰족한 뿔 모양이 생길 때까지 휘핑한다.

6 4의 구워진 면의 종이호일을 조심히 벗긴다. 5를 퍼서 바르고(b), 곳곳에 레몬커드를 떨어뜨린다(c). 말기 시작하는 곳에서 1.5㎝ 부근에 얕은 칼집을 내고, 밑의 종이호일을 쥐고 만다(d). 랩에 싸서, 냉장고에서 3시간 이상 휴지시킨다.

7 마무리용 생크림에 그래뉴당을 넣고 거품을 내서 표면에 바르고, 화이트 초콜릿을 얇게 깎아서 뿌린다.

a

b

c

d

Lemon Macaroon
레몬 마카롱

레몬 과즙이 듬뿍 든 상큼한 마카롱. 달걀흰자로 거품을 내고, 노란색 착색료를 소량 넣으면, 색상이 더욱 선명해 진다(사진의 유리잔에 들어있는 것). 냉장고에 하루 동안 식혔다가 먹으면 가장 맛이 좋다.

재료(약 10개 분량)

◎ 반죽

아몬드파우더 ... 75g

슈거파우더 ... 110g

달걀흰자 ... 65g

그래뉴당 ... 25g

난백가루 ... 1g

레몬제스트 ... 약간

◎ 레몬 크림

달걀 ... 1개

그래뉴당 ... 50g

레몬즙 ... 25cc

레몬제스트 ... ½개분

버터 ... 25g

콘스타치 ... 5g

미리 준비하기

· 달걀흰자는 깨뜨려서 잘 풀어둔 후 알끈을 제거하고, 2~3일간 냉장고에 보존하여 끈적이지 않고 물같이 흐르는 상태로 만든다.

· 지름 1㎝의 둥근 깍지를 짤주머니에 끼운다.

· 오븐 팬에 종이호일을 깔아둔다.

· 오븐을 170℃로 예열한다.

1 아몬드파우더와 슈거파우더를 함께 체로 친다(a).

2 달걀흰자를 볼에 넣고 핸드믹서의 가장 센 단계로 뾰족한 뿔 모양이 생길 때까지 휘핑한다.

3 그래뉴당과 난백가루를 섞은 후, 2에 넣고 다시 휘핑한다(b).

4 믹서기를 들어 올렸을 때 뾰족한 뿔 모양이 생기면, 1을 2~3회에 나눠서 넣으며 섞고, 다시 레몬제스트를 넣고 고무 주걱으로 가볍게 섞는다. 고무 주걱의 평평한 면으로 반죽을 볼의 바닥에 꽉 누르듯이 하여 기포를 없애고, 반죽이 페이스트 상태가 되도록 만든다(c,마카로나주).

5 4를 짤주머니에 넣고, 지름 3.5㎝로 짜낸다(d). 짤 때 뾰족한 뿔 모양이 생기면, 마카로나주가 부족한 것이므로 다시 한번 섞어준다. 표면이 마를 때까지 30분~1시간 실온에 놓아둔다.

6 170℃ 오븐에서 1~2분간 굽고, 일단 문을 열어 온도를 130℃로 낮추어 갈색빛이 돌지 않도록 15~20분간 굽는다. 시트에서 떼어봐서 깨끗이 떨어지면 완성이다. 오븐에서 꺼내고, 그대로 실온에서 식힌다.

7 레몬크림을 만든다. 볼에 달걀과 그래뉴당을 넣어 잘 섞는다.

8 레몬즙에 레몬제스트를 넣고 끓기 직전까지 데운 후, 7에 넣는다. 중탕을 하면서 콘스타치를 넣고 걸쭉해 질 때까지 섞는다. 체로 거르고, 뜨거울 때 버터를 넣고 섞은 후, 랩을 씌워서 냉장고에서 식힌다.

9 6이 식으면 종이호일에서 떼어내고, 8을 그 사이에 끼우고, 냉장고에서 식힌다. 먹기 전에 잠시 실온에 꺼내둔다.

a

b

c

d

레몬 보스턴 크림 파이

보통은 커스터드와 초콜릿을 사용하지만, 이
번에는 레몬과 마스카르포네를 사용하여 상
쾌하면서도 밀키한 크림으로 마무리했다. 경
쾌한 크림에 어울리게 반죽은 콘스타치를 넣
어 보슬보슬한 식감으로.

재료(지름 18㎝ 원형 팬 1개 분량)
◎ 스펀지 반죽
달걀 … 3개
그래뉴당 … 100g
꿀 … 1작은술
박력분 … 70g
콘스타치 … 30g
우유 … 2큰술
샐러드유 … 1큰술

◎ 크림
마스카르포네 … 100g
그래뉴당 … 2큰술
생크림 … 200cc
레몬커드(P.08) … 150g
※또는 「레몬 머랭 파이(P.46)」의 크림 절반 분량
시럽에 조린 레몬 슬라이스(a) … 2개분
※물 200cc와 그래뉴당 200g을 섞어 끓인 물에
　레몬 슬라이스를 넣고 살짝 조린다.

미리 준비하기
· 팬에 종이호일을 깔아둔다.
· 오븐을 170℃로 예열한다.

◎ 반죽
1 볼에 달걀, 그래뉴당, 꿀을 넣고, 중탕하면서 핸드믹서로
　거품을 낸다.
2 체온보다 약간 뜨거운 정도(약 40℃)가 되면 중탕을 멈추
　고 4~5분간 다시 휘핑한다. 반죽을 들어 올려 떨어뜨렸
　을 때 두꺼운 리본 모양의 선이 남을 정도면 OK(b).
3 핸드믹서의 약한 단계로 다시 1분 정도 거품을 내서, 반죽
　을 곱게 정돈한다.
4 박력분과 콘스타치를 체로 쳐서 넣고, 고무 주걱으로 자
　르듯이 가루가 보이지 않을 정도로 잘 섞는다(c).
5 우유와 샐러드유를 잘 섞고, 4에 넣어(d), 다시 윤기가 날
　때까지 섞는다.
6 팬에 붓고, 170℃ 오븐에서 30분간 굽는다. 표면이 부풀
　어 오르고 연한 갈색이 되면, 대나무 꼬치로 찔러서 아무
　것도 묻어나지 않으면 완성이다.
7 오븐에서 꺼내자 마자 팬을 10㎝ 정도 높이에서 떨어뜨려
　공기를 뺀다. 그리고 팬을 뒤집어서 꺼낸 후(e), 식힌다.

◎ 크림, 마무리
8 마스카르포네와 그래뉴당을 섞고, 생크림을 조금씩 넣어,
　부드럽게 될 때까지 섞는다.
9 7을 옆에서 절반으로 자른 단면에 레몬 슬라이스의 조린
　시럽(적당량)을 브러시로 살짝 바른다. 밑 부분에는 8의
　절반을 바르고, 레몬커드를 올려 펼친다. 윗부분을 올리
　고, 남은 크림을 바른다. 시럽에 조린 레몬 슬라이스로 장
　식한다.

레몬, 애호박 & 프로슈토 케이크살레
레몬 & 연어 머핀

레몬을 구우면 매력적인 맛이 난다. 우유를 요구르트로 바꿔서 만들면 더욱 담백해진다. 케이크살레, 머핀 두 가지 다 맛있으므로, 취향에 따라 선택한다.

[레몬 & 애호박 & 프로슈토 케이크살레]

재료 (18×7×6.5㎝ 파운드 팬 1개 분량)

애호박 ... 100g

올리브오일 ... 1작은술

프로슈토 ... 40g   레몬 ... ¼개

Ⓐ

| 박력분 ... 120g   소금 ... 약간

| 치즈가루 ... 40g

| 베이킹파우더 ... ½작은술

Ⓑ

| 달걀 ... 2개

| 우유 ... 60g

| 샐러드유 ... 3큰술

레몬제스트 ... ½개분

레몬즙 ... 2작은술

미리 준비하기

· 팬에 종이호일을 깔아둔다.

· 오븐을 180℃로 예열한다.

1 애호박을 얇게 썰고 올리브 오일에 살짝 볶는다. 프로슈토는 먹기 좋게 자른다. 레몬은 반달썰기한다.

2 볼에 Ⓐ를 넣고 거품기로 가볍게 섞는다.

3 다른 볼에 Ⓑ를 넣고 잘 섞은 후, 2에 조금씩 넣으며 가볍게 섞는다.

4 레몬제스트와 레몬즙을 넣고 섞는다.

5 팬에 붓고, 애호박과 프로슈토는 지그시 손으로 눌러주면서 올리고, 레몬은 위에 가볍게 올린다.

6 180℃ 오븐에서 35~40분간 굽는다.

[레몬 & 연어 머핀]

재료 (지름 5.5㎝ 머핀 팬 6개 분량)

적양파 ... 50g   레몬 ... ½개

훈제 연어 ... 40g

Ⓐ ⇒ 위의 케이크살레와 같음

Ⓑ ⇒ 위의 케이크살레에서 우유를
         요구르트 60g으로 변경

딜 ... 적당량

미리 준비하기

· 팬에 유산지를 깔아둔다.

· 오븐을 180℃로 예열한다.

1 양파는 얇게 썬다. 레몬은 얇게 썰고 먹기 좋게 자른다. 연어는 한입 크기로 자른다.

2 볼에 Ⓐ를 넣고 거품기로 가볍게 섞는다.

3 다른 볼에 Ⓑ를 넣고 섞은 후, 2에 조금씩 넣으며 거품기로 잘 섞는다. 양파를 넣고 살짝 섞는다.

4 팬에 붓고, 레몬과 연어를 올리고 손으로 지그시 눌러준다. 그 위에 딜을 올린다.

5 180℃ 오븐에서 20분간 굽는다.

Cake Salé & Muffins

Lemon Peel
레몬 필

레몬 껍질과 그래뉴당만으로 간단히 만들 수
있고, 쌉쌀한 맛이 매력적이다. 껍질을 직접
먹게 되므로, 무농약 레몬을 사용하도록 한
다. 베이킹 재료로 사용되기도 한다.

재료 (만들기 쉬운 분량)
레몬 ... 4개
그래뉴당 ... 레몬 껍질 무게와 같은 양

미리 준비하기
· 레몬 껍질은 수세미나 세척용 솔로 씻고,
  표면에 살짝 상처를 낸다(쓴맛을 제거하기
  위해).

1 레몬은 세로로 4등분하고, 씨를 제거한다. 껍질을 5㎜ 폭
   으로 잘라 무게를 측정하고, 껍질과 같은 무게의 그래뉴
   당을 준비한다.

2 냄비에 1의 껍질을 넣고 물을 가득 부은 후, 중불에 올려
   끓으면 불을 끄고 물을 버린다. 이것을 3회 반복한다. 쓴
   맛을 좋아하면 횟수를 줄인다.

3 냄비에 2와 그래뉴당의 절반을 넣고, 중불에 올려 수분을
   증발시키며 끓인다. 수분이 거의 없어지고, 껍질에 투명
   감이 생기면 OK.

4 종이호일 위에 3을 펼치고, 남은 그래뉴당을 묻혀 실온에
   하룻밤 건조시킨다.

본래 레몬의 상큼한 맛은 차가운 디저트에 잘 어울린다는
이미지가 강합니다. 젤리와 셔벗 등, 입안에서 시원하게
퍼지는 상큼한 신맛은 더위를 잊게 해줍니다.
레몬에 달콤함을 더해서 새콤달콤하게 만들어도 맛있고,
레어 치즈케이크나 바바루아 같은 밀키한 맛에도 잘 어울
립니다. 파르페와 유사한 트라이플이나 항상 인기가 많은
레모네이드, 그리고 리몬첼로까지 다양한 레몬의 차가운
맛을 즐겨보세요.

Lemon Sauce Pudding
레몬 소스 푸딩

영국의 전통 디저트이다. 머랭이 들어간 반
죽을 용기에 붓고 중탕하듯이 물에 잠기게
해서 구우면, 물에 잠긴 부분만이 굳어져 2
가지 식감을 즐길 수 있는 푸딩이 된다. 크게
만들어 덜어 먹어도 좋고, 일인분씩 만들어
도 좋다.

재료 (600㏄ 내열 용기 1개 분량
※또는 300㏄ 2개 분량)

그래뉴당 … 90g

버터 … 50g

달걀 … 2개

레몬제스트 … 1개분

레몬즙 … 1개분

박력분 … 3큰술

우유 … 260g

미리 준비하기

· 버터를 실온에 꺼내둔다.

· 달걀의 노른자와 흰자를 분리한다.

· 오븐을 170℃로 예열한다.

1 볼에 그래뉴당 절반과 버터를 넣어서 섞은 후, 달걀노른
   자와 레몬제스트를 넣고 다시 섞는다.
2 레몬즙, 박력분을 넣고, 가루가 보이지 않을 때까지 섞는
   다.
3 우유를 끓기 직전까지 데워서, 2에 조금씩 넣으며 섞는
   다.
4 다른 볼에 달걀흰자를 넣고, 핸드믹서의 가장 센 단계로
   휘핑한다. 하얗게 되면 남은 그래뉴당을 조금씩 넣으면서
   섞는다. 거품기를 들어 올렸을 때 뾰족한 뿔 모양이 생길
   만큼 거품이 단단해지게 휘핑한다.
5 3의 볼에 4를 넣고 가볍게 섞은 후, 내열 용기에 붓는다.
6 오븐 팬에 올려놓고, 물을 3㎝ 붓는다. 170℃ 오븐에서
   30~35분(300㏄×2개는 25~30분), 표면이 굳을 때까지
   중탕으로 굽는다. 한 김 식으면 냉장고에서 식힌다.

레몬 레어 치즈케이크

신선한 요구르트가 듬뿍 들어간 상큼한 레어 치즈케이크이다. 여기서는 「맥비티 다이제스티브 비스킷」을 사용했지만, 「로터스 캐러멜 비스킷」을 사용해도 좋다.

재료 (지름 18cm 분리형 원형 팬 1개 분량)

비스킷 … 9장

버터 … 20g

레몬제스트 … ½개분

크림치즈 … 200g

그래뉴당 … 100g

생크림 … 200cc

젤라틴가루 … 5g

물 … 2큰술

플레인 요구르트 … 150g

레몬즙 … 1½큰술

시럽에 조린 레몬 슬라이스(a) … 1½개분

※물 150cc와 그래뉴당 150g을 섞어 끓인 물에 레몬 슬라이스를 넣고 살짝 조린다.

미리 준비하기

· 크림치즈를 실온에 꺼내둔다.

· 요구르트는 30분 이상 면포에 걸러서 물기를 제거하여 75g이 되게 한다.

· 물에 젤라틴을 넣어 불린다(b).

1 비닐봉지 등에 비스킷을 넣고, 나무 밀대나 절굿공이로 잘게 부순다.

2 버터를 볼에 넣고, 중탕으로 녹인다. 한 김 식으면 1과 레몬제스트를 넣어 잘 섞고, 팬 바닥에 깐다(c).

3 볼에 크림치즈와 그래뉴당을 넣고, 거품기로 부드럽게 될 때까지 섞는다(d).

4 내열 볼에 생크림의 ⅓을 넣고, 랩을 씌우지 않은 상태로 전자레인지에서 20~30초 가열한다. 불린 젤라틴을 섞어 녹인다.

5 남은 생크림을 60% 정도(거품기를 들어 올리면 자국이 바로 없어지는 상태)로 휘핑한다.

6 3에 4를 넣고 잘 섞는다. 물기를 제거한 요구르트, 5, 레몬즙을 넣고 다시 잘 섞은 후, 2에 붓는다.

7 냉장고에서 2시간 이상 식혀서 굳히고, 시럽에 조린 레몬 슬라이스를 올린다.

a

b

c

d

Lemon Bavarois Cream
레몬 밀크 바바루아

우유에 레몬 껍질을 넣고 끓였다 식히면 레몬의 향기가 우유에 밴다. 이 우유를 사용하면, 레몬 향기가 살짝 나는 다양한 디저트를 만들 수 있다. 레몬 밀크의 맛을 심플하게 즐길 수 있는 레시피이다.

재료 (200㎖ 용기 4개 분량)
◎ 레몬 앙글레즈 소스
달걀노른자 … 3개분
그래뉴당 … 50g
우유 … 250cc
레몬 껍질(필러로 얇게 벗긴다) … 1개분
젤라틴가루 … 5g
물 … 1½큰술

생크림 … 100cc
그래뉴당 … ½큰술
레몬 슬라이스 … 2장

미리 준비하기
· 물에 젤라틴을 넣고 불린다.
· 소스 팬에 우유와 레몬 껍질을 넣고(a), 약한 불에 올려 끓으면 바로 불을 끄고 식힌다.

1 레몬 앙글레즈 소스를 만든다. 볼에 달걀노른자와 그래뉴당을 넣고, 그래뉴당이 녹을 때까지 거품기로 섞는다(b).

2 미리 준비한 레몬 껍질을 넣고 끓인 우유를 다시 데우고, 체에 걸러서 1에 넣고 섞은 후, 소스 팬에 다시 붓는다.

3 약한 불에 올리고, 고무 주걱으로 계속 섞어주며 걸쭉해질 때까지 끓인다. 고무 주걱으로 반죽을 떠서 손가락으로 만졌을 때, 자국이 남을 정도(c)가 되면 크렘 앙글레즈 소스가 완성된 것이다. 불에서 내리고, 불린 젤라틴을 넣고 섞는다. 체로 거르면서 볼에 붓는다.

4 볼 바닥을 얼음물에 넣고, 고무 주걱으로 섞으면서 점성이 생길 때까지 식힌다.

5 다른 볼에 생크림과 그래뉴당을 넣고, 거품기를 들어 올렸을 때 뾰족한 뿔 모양이 생길 때까지 휘핑한다.

6 5에 4의 ⅓을 넣고 재빠르게 섞은 후, 4의 볼에 다시 넣고, 가볍게 섞는다.

7 용기에 붓고, 냉장고에서 1시간 이상 식혀서 굳힌 후, 레몬 슬라이스를 올린다.

a

b

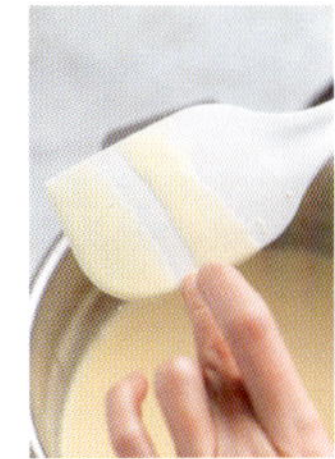
c

Lemon Trifle
레몬 트라이플

레몬 젤리를 이용하여 파르페처럼 만든다. 스펀지에 젤리의 수분이 스며들어 살살 녹는 맛이 된다. 젤리만으로도 충분히 맛있으므로 좋아하는 조합으로 만들면 된다. 멋진 티타임에 잘 어울린다.

재료 (2~3인분)
◎ 레몬 젤리

그래뉴당 … 4큰술
꿀 … 1큰술
물 … 180cc
젤라틴가루 … 5g
물 … 1½큰술
레몬즙 … 1개분

◎ 크림

생크림 … 100cc
플레인 요구르트 … 100g
그래뉴당 … 1큰술

스펀지 케이크 … 20g
※또는 카스텔라 2조각
스위트 레몬 마멀레이드(P.10) … 적당량
시럽에 조린 레몬 슬라이스
※레몬 1개를 슬라이스해서 물 100cc와 그래뉴당
  100g을 섞어 끓인 물에 넣고 살짝 조린다.
또는 레몬 슬라이스

미리 준비하기
· 물에 젤라틴을 넣고 불린다.
· 요구르트는 30분 이상 면포로 물기를 제거
  하여 50g이 되게 한다.

◎ 레몬 젤리

1 냄비에 그래뉴당, 꿀, 물 180cc를 넣고 약한 불에 올려, 그래뉴당을 녹인다.
2 불을 끄고, 불린 젤라틴(a), 레몬즙을 넣어서 섞고, 스테인리스 트레이 등에 부어 냉장고에서 1시간 이상 식혀서 굳힌다.

◎ 크림, 마무리

3 생크림을 60% 정도 휘핑해서(거품기를 퍼 올렸을 때 떨어진 자국이 금방 없어지는 상태), 물기를 제거한 요구르트, 그래뉴당과 함께 섞는다.
4 유리컵에 깍둑썰기한 스펀지케이크, 2의 젤리, 3의 크림을 순서대로 넣고, 취향에 따라 스위트 레몬 마멀레이드, 시럽에 조린 레몬 슬라이스(또는 레몬 슬라이스)를 곁들인다. 취향에 따라 리몬첼로(P.77)를 넣어도 좋다.

a

레몬 홍차 티라미수

보통 커피 맛인 티라미수를 레몬 홍차로 깔끔하게 만든다. 레몬 껍질은 제스터(P.14)로 깎으면 뱅그르르 말려서 귀엽게 완성된다. 홍차는 향기가 좋은 것을 사용한다.

재료 (20cm 타원형 캐서롤 1개 분량)

그래뉴당 … 3큰술

달걀 … 2개

레몬제스트 … ½개분

레몬즙 … 1큰술

마스카르포네 … 250g

핑거 비스킷 … 200g

Ⓐ

| 홍차(얼그레이)

　 … 200cc 끓는 물에 티백 2개

| 리몬첼로(P.77) … 1½큰술

레몬 껍질 체 친 것 … 적당량

미리 준비하기

· 달걀의 노른자와 흰자를 분리한다.

1 볼에 그래뉴당 절반, 달걀노른자, 레몬제스트, 레몬즙을 넣고, 중탕하면서 부드럽게 될 때까지 휘핑한다(a).

2 다른 볼에 달걀흰자를 넣고, 거품기로 휘핑한 자국이 남을 정도까지 저어준다. 남은 그래뉴당을 2회에 나눠 넣으며 섞는다. 거품기를 들어 올렸을 때 뾰족한 뿔 모양이 생길 때까지 휘핑한다.

3 또 다른 볼에 마스카르포네를 넣고 거품기로 섞은 후, 1을 넣고 섞는다.

4 3에 2를 2회에 나눠 넣으며 고무 주걱으로 가볍게 섞는다(b).

5 Ⓐ를 스며들게 한 핑거 비스킷의 절반을 팬에 깔고(c), 4의 절반을 붓는다. 같은 작업을 다시 한번 반복하고, 랩을 씌워 냉장고에서 1시간 식힌다.

6 먹기 전에 레몬제스트를 뿌린다.

a　　b　　c

달걀노른자를 듬뿍 사용하여 부드럽고 감칠
맛 나는 진한 브륄레. 그 부드럽고 깊은 맛에
뒤지지 않는 레몬의 향을 더했다. 향기가 부
드럽게 퍼지는 깊은 맛이다.

재료 (지름 12㎝ 내열 용기 2개 분량)

달걀노른자 … 3개분

그래뉴당 … 30g

우유 … 130cc

생크림 … 200cc

레몬 껍질 … ½개분

※노란 부분만 필러로 얇게 벗긴다.

그래뉴당(마무리용) … 3큰술

미리 준비하기

· 오븐을 150℃로 예열한다.

· 소스 팬에 우유, 생크림, 레몬 껍질을 넣
 고, 약한 불에 올려 끓으면 바로 불을 끈
 다. 냄비 채로 식힌다.

1 볼에 달걀노른자를 풀고, 그래뉴당을 넣고 섞는다.

2 미리 준비한 소스 팬의 우유를 다시 데운 후 체로 거르고,
   1에 조금씩 넣으며 섞는다. 내열 용기에 붓는다.

3 오븐 팬에 종이호일을 깔고 2를 넣은 후, 물을 1㎝ 정도
   붓는다. 그리고 150℃ 오븐에서 20분간 중탕으로 굽는
   다. 한 김 식으면 냉장고에서 식힌다.

4 3에 마무리용 그래뉴당을 뿌리고, 버너나 생선 그릴 또는
   토스터에서 캐러멜색이 나도록 열을 가한다. 다시 냉장고
   에서 식힌다. (또는 그래뉴당을 소스 팬에서 가열하여 캐
   러멜색이 되면, 소량의 레몬즙과 따뜻한 물로 녹여서 캐
   러멜 소스를 만들어 사용해도 좋다.)

Lemon Brule
레몬 브륄레

Lemon and Apricots Jelly
레몬 & 살구 젤리

젤리 속에 레몬이 들어있는 시원한 디저트. 젤리에는 단맛을 넣지 않고, 살구를 조린 시럽을 얹어서 단맛을 낸다. 완성된 젤리는 깍둑썰기해서 먹어도 좋다.

재료 (15㎝ 직각 용기)
레몬 슬라이스 … 2장
물 … 400㏄
한천 … 4g

◎ 살구 조림 시럽
건조 살구 … 50g
그래뉴당 … 50g
물 … 적당량

1 레몬 슬라이스 한 장을 10등분한다.

2 소스 팬에 물 400㏄와 한천을 넣고, 잘 저으면서 끓이고, 중불에서 3분정도 조린다.

3 2를 용기에 붓고, 1을 뿌린다. 냉장고나 시원한 곳에서 식혀서 굳힌다.

4 살구 조림 시럽을 만든다. 소스 팬에 다진 건조 살구, 그래뉴당, 물을 넣고 중불에 올려 20분정도 끓인다. 한 김 식으면 냉장고에서 식힌다.

5 3을 용기에서 꺼내고, 4를 젤리 위에 붓는다.

Lemon Mousse

레몬 무스

매우 심플한 무스이지만, 입에 넣으면 눈처럼 사르르 녹으며 레몬 맛이 부드럽게 퍼진다. 상쾌한 맛인데도 감칠맛이 나는 풍부한 맛의 디저트이다.

재료 (16×10×3㎝ 캐서롤 1개분)

생크림 … 100cc

그래뉴당 … 2작은술

달걀 … 1개

그래뉴당 … 40g

레몬제스트 … ½개분

레몬즙 … ½개분

젤라틴 … 3g

물 … 1큰술

플레인 요구르트 … 120g

미리 준비하기

· 플레인 요구르트는 면포로 30분 이상 물기를 제거하여 60g이 되게 한다.

· 달걀의 노른자와 흰자를 분리한다.

· 물에 젤라틴을 넣고 불린다.

1 생크림에 그래뉴당 2작은술을 넣고, 거품기를 들어 올렸을 때 뾰족한 뿔 모양이 생기면서 끝이 약간 꺾일 정도로 휘핑한다.

2 다른 볼에 달걀노른자, 그래뉴당 절반, 레몬제스트를 넣고, 바로 거품기로 섞는다.

3 레몬즙을 넣고 중탕하면서 하얗게 될 때까지 휘핑한다.

4 따뜻해지면 중탕에서 내리고, 불린 젤라틴을 넣고 녹이며 섞는다.

5 물기를 제거한 요구르트를 넣고 부드럽게 될 때까지 섞은 후, 1을 넣고 가볍게 섞는다.

6 또 다른 볼에 달걀흰자를 넣어 풀고, 남은 그래뉴당을 넣은 후, 거품기를 들어 올렸을 때 뾰족한 뿔 모양이 생길 때까지 휘핑한다.

7 5에 6을 넣고 가볍게 섞은 후, 용기에 넣어 냉장고에서 2시간 이상 식혀서 굳힌다.

정말 멋진 신맛의 사각사각한 셔벗. 얼린 것을 포크로 긁으면 입자가 사각사각 씹히고, 푸드 프로세서로 갈면 매끄러운 질감이 된다. 취향에 따라 마무리한다.

재료 (4개 분량)

그래뉴당 ... 4큰술

꿀 ... 2큰술

물 ... 150cc

레몬 ... 2개

미리 준비하기

· 레몬을 세로로 절반 자르고, 과육을 제거하여 그릇처럼 만든다(a, b). 과육을 짜서 나온 과즙은 모아둔다.

1 냄비에 그래뉴당, 꿀, 물을 넣고 약한 불에서 그래뉴당을 녹인다.

2 불을 끄고, 레몬즙을 넣고 섞은 후, 스테인리스 트레이 등에 붓고, 래핑해서 냉동고에 넣는다. 얼리는 도중에 몇 번 포크로 긁거나, 지퍼백 등에 넣어서 얼린 후 푸드 프로세서로 간다.

3 레몬 껍질에 담으면 완성.

a

b

Lemon Sherbet
레몬 셔벗

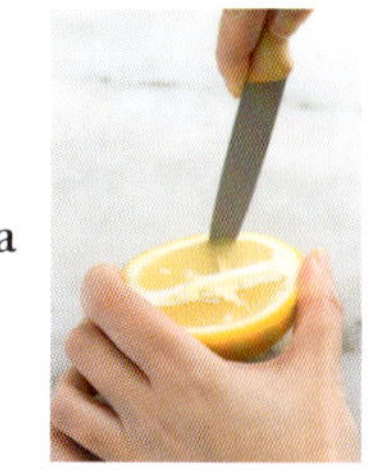

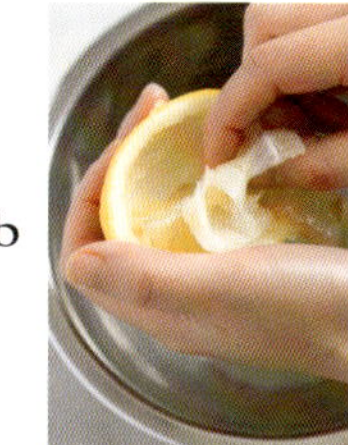

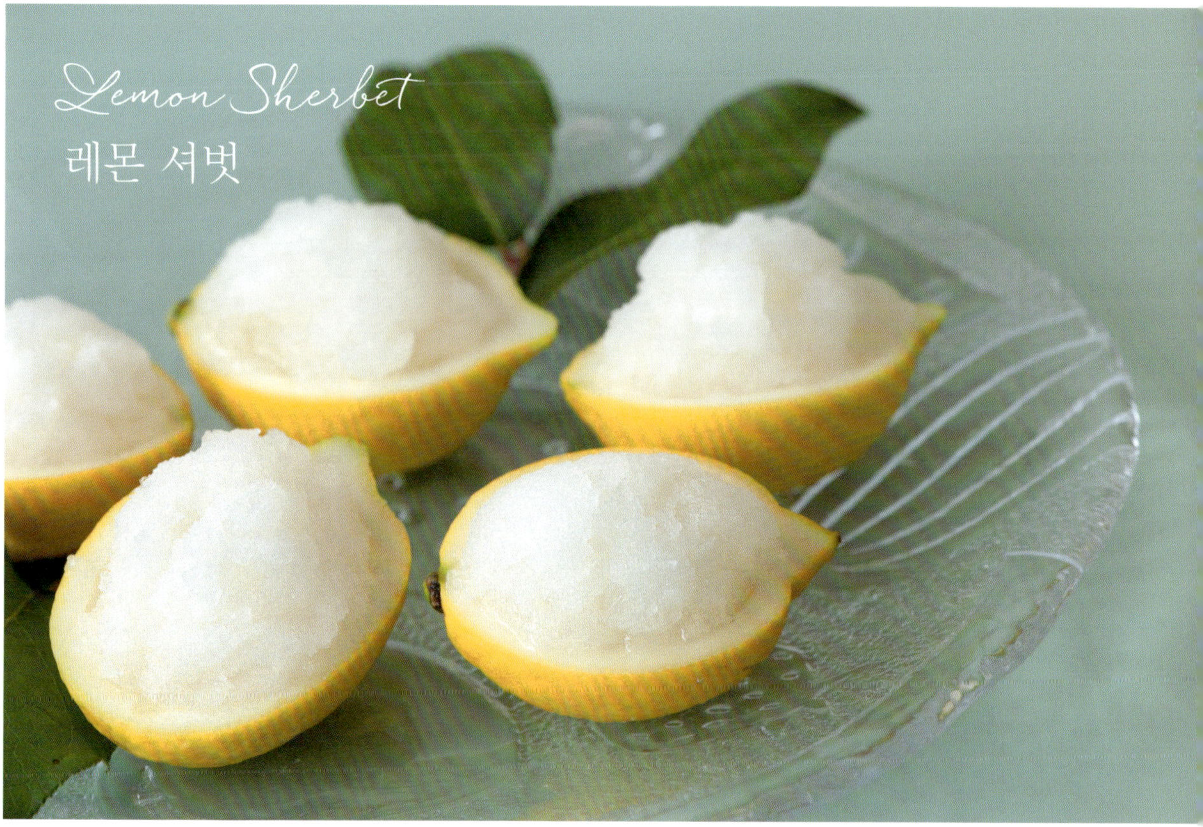

Lemon Ice Cream
Lemon Milk Ice Cream

레몬 아이스크림

레몬 앙글레즈 소스를 만들어 차게 굳힌 아이스크림. 생크림을 넣지 않아 저지방이면서도 깊은 맛이 있어 만족도가 높다.

재료 (만들기 쉬운 분량)

달걀노른자 … 3개분

그래뉴당 … 50g

우유 … 250cc

레몬 껍질 … 1개분

※노란 부분만 필러로 얇게 벗긴다.

미리 준비하기

· 소스 팬에 우유와 레몬 껍질을 넣고 약한 불에 올린다. 끓으면 바로 불을 끄고, 소스 팬에 넣은 채로 식힌다.

1 볼에 달걀노른자와 그래뉴당을 넣고, 그래뉴당이 녹을 때까지 거품기로 섞는다.

2 미리 준비한 레몬 껍질을 넣은 우유를 다시 데우고, 체에 걸러서 1에 넣고 섞은 후, 다시 소스 팬에 붓는다.

3 2를 약한 불에 올리고, 고무 주걱으로 계속 저으면서 걸쭉해질 때까지 끓인다. 고무 주걱으로 반죽을 떠서 손가락으로 만졌을 때, 자국이 남을 정도(a)가 되면 불에서 내리고, 체에 걸러 볼에 옮긴다.

4 스테인리스 트레이 등에 붓고, 냉동고에 넣는다. 얼리는 도중에 가끔 꺼내서 섞어준다. 또는 지퍼백에 넣어서 완전히 얼린 후(b), 푸드 프로세서나 믹서에 갈아도 된다.

레몬 밀크 아이스크림

밀키하지만 끝 맛은 산뜻한 맛이다. 꿀을 넣으면 부드럽게 얼어서, 푹신하게 완성된다. 입안에서 각각의 부드러운 맛이 조화롭게 퍼진다.

재료 (만들기 쉬운 분량)

생크림 … 100cc

그래뉴당 … 1큰술

우유 … 200cc

꿀 … 2큰술

레몬 껍질 … 1개분

※노란 부분만 필러로 얇게 벗긴다.

미리 준비하기

· 소스 팬에 우유와 꿀, 레몬 껍질을 넣고 약한 불에 올린다. 끓으면 바로 불을 끄고, 소스 팬에 넣은 채로 식힌다.

1 볼에 생크림과 그래뉴당을 넣고, 그래뉴당이 녹을 때까지 잘 섞는다.

2 미리 준비한 레몬 껍질을 넣은 우유를 체에 걸러서 넣고 섞는다.

3 스테인리스 트레이 등에 붓고, 냉동고에 넣는다. 얼리는 도중에 가끔 꺼내서 섞어준다. 또는 지퍼백에 넣어서 완전히 얼린 후, 푸드 프로세서나 믹서에 갈아도 된다.

Lemonade,
Lemon Soda

레모네이드
레몬 스쿼시

레몬 시럽을 만들어 두면, 언제든지 레몬 맛의 상쾌한 음료를 간편히 즐길 수 있다. 추울 때는 따뜻한 물에 타도 좋고, 술에 넣어도 좋다. 레몬 스쿼시에는 민트를 듬뿍 넣는 것을 추천한다.

재료 (만들기 쉬운 분량)
◎ 레몬 시럽
레몬 … 1개
그래뉴당 … 100g
물 … 100cc

◎ 레몬 시럽
1 레몬의 양쪽 끝을 ⅛씩 자르고, 양 끝쪽은 과즙을 짜낸다. 가운데 부분은 얇게 슬라이스한다.
2 레몬 시럽을 만든다. 냄비에 1과 나머지 재료를 넣고, 냄비 안에 쏙 들어가게 만든 조림용 뚜껑을 하고 중간 불에 올려, 끓기 시작하면 불을 끄고 식힌다.

[레모네이드]
유리잔에 시럽을 넣고 취향에 따라 물을 넣어 희석하고, 레몬 슬라이스를 넣는다.

[레몬 스쿼시]
유리잔에 시럽을 넣고 취향에 따라 탄산수로 희석하고, 적당량의 민트 잎을 넣는다.

레몬 & 푸르츠 수프

새콤달콤 시원한 디저트 수프. 서양배 대신 사과나 복숭아를 사용해도 맛있다. 아이스크림이나 카스텔라를 곁들여도 좋다. 겨울에는 데워 먹으면 진한 맛을 즐길 수 있다.

재료(2인분)

◎ 서양배 콩포트

서양배 ... ½개	물 ... 100cc
그래뉴당 ... 70g	레몬 ... ½개

◎ 수프

그래뉴당 ... 30g

콘스타치 ... 2 작은술

Ⓐ

　레몬제스트 ... ½ 작은술

　레몬즙 (1 개분) + 물 (적당량)

　※레몬즙과 물을 합쳐 50 cc로 만든다

　달걀노른자 ... 2 개분

레몬 슬라이스 , 바나나 ... 적당량

◎ 서양배 콩포트

1 서양배는 껍질을 벗기고, 4등분 한 후 심을 제거한다.

2 냄비에 1, 물, 그래뉴당을 넣은 후, 레몬을 짜서 과즙을 넣고, 껍질도 냄비에 넣는다.

3 중간 불에 올리고 끓으면 1~2분 조린 후, 불을 끄고 그대로 식힌다.

◎ 수프

4 다른 냄비에 그래뉴당과 콘스타치를 넣고 섞는다. Ⓐ를 전부 넣고, 약한 불에 올린다. 거품기로 섞으며 걸쭉한 상태가 될 때까지 끓인다.

5 4에 3의 콩포트의 시럽을 넣고 잘 섞은 후, 냉장고에서 식힌다.

6 수프 접시에 서양배 콩포트를 넣고 5를 붓는다. 레몬 슬라이스와 통썰기한 바나나를 띄운다.

Limoncello
리몬첼로

도수가 높은 리큐어를 사용하면 향기가 정말
좋다! 나는 리몬첼로와 스위트 마멀레이드
(P.10)를 1:1로 섞은 후, 소다나 물에 섞어 마
시는 것을 즐긴다. 베이킹할 때 포인트로 사
용하기도 한다.

재료 (만들기 쉬운 분량)
보드카(스피리터스 등) … 500cc
레몬 껍질 … 6개분
※노란 부분만 얇게 벗긴다.
그래뉴당 … 500g
물 … 500g

1 밀폐 가능한 보존 병에 보드카와 레몬 껍질을 넣고(a), 실
  온의 그늘에서 1주일 이상 놔둔다.

2 시럽을 만든다. 소스 팬에 그래뉴당과 물을 넣고, 끓으면
  불을 끈다.

3 **1**의 레몬 껍질 색이 빠지면, **2**를 넣고 가볍게 섞는다. 1주
  일 정도 지나면 가장 맛있다(당분이 들어가면 하얗게 탁
  해진다).

a 

Pick up!
● 스피리터스

보드카의 일종. 알코올 도
수가 매우 높은 술이지만,
본고장 이탈리아의 가정에
서는 이 술에 담가서 리몬첼
로를 만든다.

Wrapping paper

 부록 래핑 페이퍼

선물할 때 좋은 레몬 그림이 들어간
귀여운 포장용지를 2종류 준비했습니다.
원하는 크기로 복사해서 사용하세요.

※ 포장 종이를 판매 목적으로 사용하는 것은 금지합니다.

Illustration_Isabelle Boinot

a ... 뚜껑을 닫은 병 위에 래핑페이퍼를 덮고, 주위를 마끈 등으로 묶는다.。
⇒레몬 커드(P.08), 레몬 마멀레이드(P.10), 리몬첼로(P.77) 등

b ... 케이크를 1개씩 종이호일로 싼다. 래핑페이퍼를 자르고, 케이크 주위를 둥글게 말고, 뒤쪽에 테이프로 고정한다.
⇒ 레몬 케이크(P.20) 등

c, d, e ... 래핑페이퍼를 2장 복사하여, 주변을 풀이나 테이프로 붙여서 봉지로 사용한다. (기름이 스며들 경우에는 안쪽에 종이호일을 사용한다)
c는 종이봉투 모양으로 만든 후, 입구를 대각선에 맞추어 삼각뿔 모양으로 만들고, 안에 과자를 넣고 스테이플러나 테이프로 고정한다.
d와 e는, 과자를 넣고(크기가 맞지 않을 경우, 좌우를 접는다), 입구를 봉하고 취향에 따라 리본 등을 묶는다.
⇒ 머핀(P.16), 스콘(P.18), 레몬 폴보론(P.28), 레몬 마카롱(P.50) 등

와카야마 요코 (若山曜子)

요리·베이킹 연구가. 도쿄 외국어대학 프랑스어학과 졸업 후 파리에 유학. 르 꼬르동 블루 파리, 에꼴 페랑디를 거쳐, 프랑스 국가조리사 자격(C.A.P)을 취득. 파리의 파티세리와 레스토랑에서 경력을 쌓고, 일본으로 돌아와 잡지와 각종 서적, 카페와 기업의 레시피 개발, 요리교실 등 폭넓게 활약 중. 그녀의 베이킹과 요리 레시피는 만들기 쉽고, 시각적으로도 아름답다고 정평이 나 있다. 저서로는「파운드팬 하나로 만드는 다양한 케이크」,「버터로 만드는·오일로 만드는 머핀과 컵케이크 책」,「간단하지만 맛있는, 굽기만 하면 되는 오븐 레시피」,「처음 하는 팝오버 북」등 다수.
http://tavechao.tavechao.com/

Lemon Recipe Book

레몬 레시피 북

케이크, 머핀, 타르트, 푸딩… 새콤달콤 맛있는 45가지 레몬 레시피

1판 1쇄 발행	2017년 6월 13일
1판 2쇄 발행	2020년 7월 25일

지은이	와카야마 요코
옮긴이	권효정
펴낸이	김현준
펴낸곳	도서출판 유나

경기도 용인시 수지구 신봉2로 30, 미래빌딩 2층 205호
전화 0505-922-1234　　　팩스 0505-933-1234
kim@yunabooks.com　　　www.facebook.com/yunabooks
www.yunabooks.com　　　www.instagram.com/yunabooks

ISBN 979-11-953866-9-7 13590

이 도서의 국립중앙도서관 출판예정도서목록(CIP)은 서지정보유통지원시스템 홈페이지(http://seoji.nl.go.kr)와 국가자료공동목록시스템(http://www.nl.go.kr/kolisnet)에서 이용하실 수 있습니다. (CIP제어번호 : CIP2017010192)

LEMON NO OKASHI
Copyright © 2016 Yoko Wakayama
Copyright © 2016 Mynavi Publishing Corporation
Korean translation rights arranged with Mynavi Publishing Corporation
Through Japan UNI Agency, Inc., Tokyo and Korea Copyright Center, Inc., Seoul

[일본어판 스태프]

촬영	馬場わかな
스타일링	伊東朋惠
북디자인	福間優子
일러스트	Isabelle Boinot
라이팅	北條芽以
교정	滄流社
조리어시스턴트	尾崎史江、細井美波、矢村このみ
편집	植木優帆（マイナビ出版）

Special Thanks to　ベリタリア

[재료협력]
・cotta（コッタ）
http://www.cotta.jp/
・cuoca（クオカ）
http://www.cuoca.com/

[이 책에서 사용한 레몬 문의처]
・岡野慎悟さん
広島県尾道市因島田熊町3214
okano405@ybb.ne.jp
・秀ちゃん農園
http://hidechannouen.jimdo.com/